军迷·武器爱好者丛书

护卫舰与驱逐舰

陈泽安 / 编著

辽宁美术出版社

前言 Foreword

军用舰种类繁多，用途各异。那么什么是护卫舰？什么又是驱逐舰呢？

护卫舰是以导弹、舰炮、深水炸弹及反潜鱼雷为主要武器的轻型水面战斗舰艇，主要是在舰艇编队中担负反潜、防空、护航、巡逻、警戒、侦察、登陆支援作战以及为无人舰载机提供起飞和降落地点的任务。

驱逐舰是一种多用途的军舰，是海军舰队中突击力较强的中型军舰之一。现代驱逐舰装备有防空、反潜、对海等多种武器，既能在海军舰艇编队中担任进攻性的突击任务，又能承担作战编队的防空、反潜护卫任务，还可在登陆、抗登陆作战中担任支援兵力、巡逻、警戒、侦察、海上封锁和海上救援任务以及为无人舰载机提供起飞和降落地点。

驱逐舰和护卫舰异中有同，二者构成一种高低搭配的作战方式。前者是舰队的主力，承担主要的防空和反潜任务；后者则作为前者的补充，承担次要作战任务。

绝大部分的护卫舰同时具有防空能力和反潜能力，但从世界各国护卫舰一直以来的用途来看，护卫舰的主业更偏向于反潜能力，防空只是其副业；而驱逐舰是一种可以装备对空、对海、对潜和对陆攻击等武器，具有一定综合作战能力的中型水面舰艇，是"海上多面手"。

发展至今，护卫舰最普遍的用途是为商船或者大型军舰护航，而驱逐舰是舰队的主力，一般不执行此种任务。现代驱逐舰虽然都是"海上多面手",但依然强调要具有一种突出的特长,因此现代驱逐舰在多用途的同时,往往还在防空、反舰或反潜的某一方面用途上具有特长。

值得一提的是,现代护卫舰与现代驱逐舰的区别有的时候并不十分明显,只是前者在吨位、火力、续航能力、持续性作战能力上通常较逊于后者。有一些国家发展的大型护卫舰在这些方面甚至还强于某些驱逐舰,还有的国家已经开始慢慢淘汰护卫舰,统一用驱逐舰代替,比如欧美的一些国家和日本。

护卫舰早在16世纪就开始出现,驱逐舰是在19世纪才开始出现的,它们在历次海战中,特别是在一战、二战的海战中更是各领风骚,出尽了风头,在军事史上留下了不可磨灭的印迹,令人追忆与惊叹。

为了提高与丰富广大读者朋友的国防意识与国防知识,我们组织编写了"军迷·武器爱好者丛书"《护卫舰与驱逐舰》这本书。本书精选了世界上百种有名的护卫舰和驱逐舰,从多个方面简明扼要地介绍其特点,同时为每种护卫舰和驱逐舰配备高清大图,希望读者朋友喜欢。由于护卫舰和驱逐舰数量实在庞大,难免有遗珠之憾,敬请读者朋友谅解。

目 录
Contents

护卫舰与驱逐舰的历史 / 8

布鲁克级导弹护卫舰（美国）/ 16

佩里级导弹护卫舰（美国）/ 18

自由级濒海战斗舰（美国）/ 20

独立级濒海战斗舰（美国）/ 22

1159 型科尼级护卫舰（苏联）/ 24

11661 型猎豹级护卫舰（苏联／俄罗斯）/ 26

20380 型守护级护卫舰（俄罗斯）/ 28

22350 型戈尔什科夫海军元帅级护卫舰（俄罗斯）/ 30

1135 型克里瓦克级护卫舰（苏联／俄罗斯）/ 32

11540 型无畏级护卫舰（苏联／俄罗斯）/ 34

21630 型暴徒级护卫舰（俄罗斯）/ 36

21 型女将级护卫舰（英国）/ 38

22 型大刀级护卫舰（英国）/ 40

23 型公爵级护卫舰（英国）/ 42

26 型护卫舰（英国）/ 44

拉法耶特级护卫舰（法国）/ 46

花月级护卫舰（法国）/ 48

追风级轻型护卫舰（法国）/ 50

勃兰登堡级护卫舰（德国）/ 52

萨克森级护卫舰（德国） / 54

不伦瑞克级护卫舰（德国） / 56

MEKO200级护卫舰（德国） / 58

阿武隈级护卫舰（日本） / 60

高月级护卫舰（日本） / 62

狼级护卫舰（意大利） / 64

西北风级护卫舰（意大利） / 66

卡雷尔·道尔曼级护卫舰（荷兰） / 68

七省级护卫舰（荷兰） / 70

西格玛级护卫舰（荷兰） / 72

阿尔瓦罗·巴赞级护卫舰（西班牙） / 74

西里西亚级护卫舰（波兰） / 76

伊万·休特菲尔德级护卫舰（丹麦） / 78

南森级导弹护卫舰（挪威） / 80

维斯比级护卫舰（瑞典） / 82

欧洲多任务护卫舰（欧洲） / 84

澳新军团级护卫舰（澳大利亚） / 86

蔚山级护卫舰（韩国） / 88

仁川级护卫舰（韩国） / 90

塔尔瓦尔级护卫舰（印度） / 92

什瓦里克级护卫舰（印度） / 94

可畏级护卫舰（新加坡） / 96

利雅得级护卫舰（沙特） / 98

拜努纳级轻型护卫舰（阿联酋） / 100

吉达级轻型护卫舰（马来西亚） / 102

英勇级护卫舰（南非） / 104

西姆斯级驱逐舰（美国） / 106

本森级驱逐舰（美国）/ 108

弗莱彻级驱逐舰（美国）/ 110

查尔斯·亚当斯级驱逐舰（美国）/ 112

孔兹级导弹驱逐舰（美国）/ 114

斯普鲁恩斯级驱逐舰（美国）/ 116

基德级驱逐舰（美国）/ 118

伯克级驱逐舰（美国）/ 120

"钟云"号导弹驱逐舰（美国）/ 122

朱姆沃尔特级驱逐舰（美国）/ 124

61型卡辛级驱逐舰（苏联／俄罗斯）/ 126

1155型无畏级反潜舰（苏联／俄罗斯）/ 128

956型现代级驱逐舰（苏联／俄罗斯）/ 130

"萤火虫"号驱逐舰（英国）/ 132

部族级驱逐舰（英国）/ 134

兵器级驱逐舰（英国）/ 136

战斗级驱逐舰（英国）/ 138

郡级驱逐舰（英国）/ 140

42型谢菲尔德级驱逐舰（英国）/ 142

45型勇敢级驱逐舰（英国）/ 144

82型布里斯托尔级驱逐舰（英国）/ 146

空想级驱逐舰（法国）/ 148

卡萨尔级驱逐舰（法国）/ 150

地平线级驱逐舰（法国／意大利）/ 152

乔治·莱格级驱逐舰（法国）/ 154

汉堡级驱逐舰（德国）/ 156

浦风级驱逐舰（日本）/ 158

海风级驱逐舰（日本）/ 160

峰风级驱逐舰（日本）/ 162

睦月级驱逐舰（日本）/ 164

吹雪级特型驱逐舰（日本）/ 166

初春级驱逐舰（日本）/ 168

白露级驱逐舰（日本）/ 170

阳炎级驱逐舰（日本）/ 172

"雪风"号驱逐舰（日本）/ 174

秋月级驱逐舰（日本）/ 176

榛名级直升机驱逐舰（日本）/ 178

太刀风级驱逐舰（日本）/ 180

旗风级驱逐舰（日本）/ 182

初雪级驱逐舰（日本）/ 184

朝雾级驱逐舰（日本）/ 186

次代村雨级驱逐舰（日本）/ 188

高波级驱逐舰（日本）/ 190

金刚级驱逐舰（日本）/ 192

爱宕级驱逐舰（日本）/ 194

日向级直升机驱逐舰（日本）/ 196

出云级直升机驱逐舰（日本）/ 198

霍巴特级驱逐舰（澳大利亚）/ 200

大力神级驱逐舰（阿根廷）/ 202

广开土大王级驱逐舰（韩国）/ 204

忠武公李舜臣级驱逐舰（韩国）/ 206

世宗大王级驱逐舰（韩国）/ 208

德里级驱逐舰（印度）/ 210

加尔各答级驱逐舰（印度）/ 212

"贾马兰"号驱逐舰（伊朗）/ 214

护卫舰与驱逐舰的历史

护卫舰的历史

护卫舰是一种古老的舰种，早在 16 世纪时，人们就把一种三桅武装帆船称为护卫舰。初期的护卫舰排水量为 240 吨～400 吨。自 18 世纪 60 年代第一次工业革命开始以后，西方列强在世界各地获得了为数众多的殖民地，为保护自身殖民地的安全，各国建造了一批排水量较小，适合在殖民地近海活动，用于警戒、巡逻和保护己方商船的中小型舰只，这就是护卫舰的前身之一。

1904—1905 年，日俄战争期间，日本舰艇曾多次闯入旅顺口俄国海军基地，对俄国舰艇多次进行鱼雷、炮火袭击，俄国不堪其苦，于是在日俄战争后，俄国建造了世界上第一批专用护卫舰。最初的护卫舰排水量小，仅有 400 吨～600 吨，火力弱，抗风浪性差，航速低，只适合在近海活动，这时期的护卫舰，名为战斗舰艇，其实类似海上巡逻舰。

▲ 日本联合舰队司令长官——东乡平八郎

▲ 俄国第二太平洋舰队司令——罗杰斯特文斯基

▲ 俄罗斯帝国海军"亚历山大三世"战列舰，被日军击沉

▲ 日本海军"三笠"号战列舰，被俄海军击沉

▲ 德国的 U 型潜艇

一战期间，由于德国潜艇肆虐海上，对英法等协约国舰艇和商船的威胁极大，为了保护海上交通线，协约国开始大量建造护卫舰，用于反潜和护航。新的护卫舰吨位、火力、续航性等方面都有了提高，主要装备中小口径火炮、鱼雷和深水炸弹。当时最大的护卫舰的排水量已达 1000 吨，航速达 16 节（每节为 1.852 千米/小时），具有一定的远洋作战能力。这个时期的护卫舰，基本明确了自己的作战任务和使命，找到了在海军中的定位，具有了现代护卫舰的基本功能。

二战期间，护卫舰有两个用途：一是护航驱逐舰（欧洲称护卫舰 FF，美国称护航驱逐舰 DE），二是用于近海巡逻的护卫舰或海防舰。此间，德国故技重演，利用潜艇进行"狼群战术"打击同盟国军队的舰船，并且飞机也日益成为对舰队和运输船队的严重威胁，这就使护卫舰的需要量大增，其担负的任务也更加多样化。作为应对策略，根据美英两国协议，美国向英国提供 50 艘旧驱逐舰用于应急护航。同时开始建造新的护航驱逐舰，这标志着真正的现代护卫舰的诞生。

此间，著名的护航驱逐舰有英国的狩猎者级，美国的埃瓦茨级、巴克利级和拉德罗级。意大利和日本在战争中也建造了一批护航驱逐舰。各参战国的总建造数量达到 2000 余艘。典型的护卫舰标准排水量达 1500 多吨，航速提高到 18 节～30 节，主要装备 76 毫米～127 毫米主炮或高平两用主炮，多门 25 毫米～40 毫米机关炮用于近程防空，备有数十枚深水炸弹，可以执行防空、反潜、护航等任务。

美国和日本的护航驱逐舰在二战中多次参加舰队机动作战和大规模两栖登陆作战，这个时期典型的护卫舰作战任务已经和当代相差无几，它们具有有限的防空能力，主要执行护航、反潜以及巡逻任务。

二战后，护卫舰除为大型舰艇护航外，也用于近海警戒巡逻或护渔护航，舰上装备逐渐现代化。在舰级划分上，美国和欧洲各国达成一致，将排水量 3000 吨以下的护卫舰和护航驱逐舰统一用护卫舰代替。

▲ 反潜护卫舰投掷深水炸弹

▲ 英国海军江河级护卫舰是二战期间同盟国主力护航舰艇之一

▲ 1941 年 10 月，在大西洋战役期间，一艘护卫舰护送船只，舰桥上的军官密切注意敌方潜艇

▲ 1942 年 8 月 14 日，水兵为护卫舰装载深水炸弹

▲ 俄罗斯21630型护卫舰发射巡航导弹

　　20世纪50年代以来，护卫舰向着大型化、导弹化、电子化、指挥自动化的方向发展，现代的护卫舰上还普遍载有反潜直升机。

　　当前，现代护卫舰已经是一种能够在远洋机动作战的中型舰艇，一般护卫舰的标准排水量可达2500吨～4000吨，航速20节～35节，续航能力2000海里～10000海里，主要装备57毫米～127毫米舰炮、反舰/防空/反潜导弹、鱼水雷，还配备有多种类型的雷达、声呐和自动化指挥系统、武器控制系统。其动力装置一般单独采用燃气轮机或者柴油机，又或者采用柴油—燃气轮机联合动力装置。部分护卫舰还装备1～2架舰载直升机，可以担负护航、反潜警戒、导弹中继制导等任务。

　　部分国家为了满足200海里专属经济区内护渔护航及巡逻警戒的需求，还发展了一种小型护卫舰，排水量在1000吨左右，武器以火炮和少量反舰导弹为主；有些拥有较多海外利益的国家还发展了一种具有强大续航力和自持力的专门用于海外领地警备和远海巡逻的护卫舰，比如法国的葡月级护卫舰。

驱逐舰的历史

19世纪70年代，欧洲列强海军中出现一种以鱼雷为主要武器，对敌方大型舰艇实施雷击作战的"鱼雷艇"（不同于后来的鱼雷快艇，比普通鱼雷艇大，航速不快，称之为"雷击舰"更恰当）。针对这种颇具威力的小型舰艇，英国于1893年建成了"哈沃克"号，这是一种被设计为"鱼雷艇驱逐舰"的军舰，航速26节，装有1座76毫米火炮和3座47毫米火炮，能在海上比较轻易地捕捉敌方鱼雷艇。此外，该舰还携带一座三联装450毫米鱼雷发射管，用于攻击敌方大舰。除了英国海军外，德国海军也发展了类似的军舰，但被称为"大型鱼雷艇"。

20世纪初，越来越多的驱逐舰进入各国海军服役，驱逐舰开始安装较重型的火炮和更大口径的鱼雷发射管，并采用蒸汽轮机作为动力。英国江河级驱逐舰已发展成伴随主力舰队进行远洋行动的舰队型驱逐舰，由于技术的进步，英国的驱逐舰开始使用燃油作为燃料，航速首次提高到30节。全部由驱逐舰组成的鱼雷战舰艇部队已经成为海军舰队的主力，驱逐舰不仅肩负着打击敌人鱼雷舰艇的任务，同时还要负责在主力舰决战前对敌舰队实施鱼水雷攻击，削弱敌方兵力的任务。

一战前，驱逐舰的特征可以概括为：标准排水量1000吨～1300吨，航速30节～37节，多采用燃油的蒸汽涡轮发动机，装备88毫米～102毫米舰炮以及450毫米～533毫米鱼雷发射装置2～3座。

一战中，驱逐舰携带鱼雷和水雷，频繁进行舰队警戒、护航、布雷以及保护补给线的行动，一部分驱逐舰还装备扫雷工具作为扫雷舰艇使用，甚至被直接用来支援两栖登陆作战。

▲ 英国"色雷斯人"号驱逐舰

▲ 英国的皇家海军HMS Havock，是第一艘现代驱逐舰，于1894年投入使用

▲ 英国的皇家海军V级驱逐舰

▲ 威克斯级驱逐舰"威克斯"号

▲ 赫尔戈兰湾海战

1914年，英德两国海军发起的赫尔戈兰湾海战中，驱逐舰首次在大规模海战中发挥主要作用，两军的驱逐舰作为主力舰队的护航舰艇都很好地完成了护航任务。在日德兰海战中，双方都出动了舰队主力，其中也包括大量的驱逐舰，双方大量的驱逐舰被以中队为单位投入战场，散布在广袤的大洋上，辛勤地执行舰队护航、侦察、鱼雷攻击和救助落水水兵的任务。

1917年，德国发动无限制潜艇战，面对潜艇对交通线的绞杀，协约国几乎所有的驱逐舰都安装深水炸弹以执行反潜任务。当时的潜艇技术性能较差，速度不超过20节，潜深也小，而驱逐舰小巧灵活，普遍具有30节以上的速度，潜艇想突袭驱逐舰，几乎不可能，因此驱逐舰成为商船队不可缺少的护航力量。

1917年，美国国会批准为海军建造111艘威克斯级驱逐舰以及162艘克莱姆森级驱逐舰的提案。至此，驱逐舰已由执行单一任务的小型舰艇演变成海军不可缺少的重要力量。一战期间，驱逐舰取代鱼雷艇而成为一种海上鱼雷攻击的主力，从存在意义上"驱逐"了鱼雷艇。

一战结束后，驱逐舰得到很大发展，吨位、火力、航速、续航力都有了很大的提高，尤其是美英两国的驱逐舰已经发展成为可以伴随舰队在远海大洋机动作战的舰队驱逐舰。

1922年，华盛顿海军条约签订后，由于条约对主力战舰的严格限制，列强海军对驱逐舰、巡洋舰这类受条约限制较少的舰艇的发展投入了很大精力，驱逐舰逐渐向大型化方向发展，吨位也越来越大，因而所能装备的武器也更强。驱逐舰的主尺度不断增加，标准排水量为1500吨以上，装备88毫米～150毫米口径火炮、450毫米～610毫米口径三联或五联鱼雷发射管1～2座。

英国按字母顺序命名的 A 级至 I 级 9 级驱逐舰，日本的吹雪级特型驱逐舰及其改进型号是这一阶段驱逐舰的典型代表。其中以日本海军对驱逐舰的发展最具有时代代表性，由于日本的国力不能与英美对抗，宝贵的主力舰一定要用于舰队决战，因此日本海军将驱逐舰的任务定位为在夜间的远海大洋上对敌主力舰队进行鱼雷偷袭，以数个鱼水雷战队兵力、数十艘驱逐舰持续整夜的鱼雷攻击甚至自杀攻击来对敌主力舰队进行削弱，为天明后的决战创造有利条件。为此，日本海军对单独使用驱逐舰的战术和武器进行了深入研究，发展了多级贯彻此种作战思想的驱逐舰。

1930 年，伦敦海军条约签订，对缔约国的驱逐舰吨位做出严格限制，但面对越来越严峻的国际政治和军事形势，面对可能的战争，几乎没有缔约国海军遵守条约发展驱逐舰。

1936 年，伦敦海军条约到期，各国海军开始建造比以前更大、武备更强的驱逐舰。英国部族级驱逐舰、美国本森级驱逐舰、日本阳炎级驱逐舰、德国 Z 型驱逐舰是这一时期驱逐舰的典型代表。虽然驱逐舰担负的任务日益广泛，但是对敌舰队进行鱼水雷集群攻击仍然是此间驱逐舰的主要任务。

二战期间，没有一种海军战斗舰艇的用途比驱逐舰更加广泛。战争期间的严重损耗使驱逐舰被大批建造，英国利用 J 级驱逐舰的基本设计不断改进建造了 14 批驱逐舰，美国仅弗莱彻级驱逐舰就建造了 175 艘。同时，在战争期间，战列舰的主力地位已经被航空母舰与潜艇替代。由于飞机已经成为重要的海上突击力量，驱逐舰装备了大量中小口径高射炮承担舰队防空警戒和雷达哨舰的任务，加强防空火力的驱逐舰出现了，例如日本的秋月级驱逐舰，英国的战斗级驱逐舰。

此外，针对潜艇的严重威胁，旧的驱逐舰被进行改造投入到反潜和护航作战当中，并建造出大批以英国狩猎级护航驱逐舰为代表、以反潜为主要任务的护航驱逐舰。至此，驱逐舰逐渐成为名副其实的"海上多面手"，这尤以美日两国海军对驱逐舰的使用最具有代表性。

二战后，随着科技进步，火炮不再是海军的主导，导弹时代来临，驱逐舰的作战形式和武装都发生了巨大的变化，现代驱逐舰因其成本低廉受到各国海军重视。以鱼雷攻击来对付敌人水面舰队不再是驱逐舰的首要任务，防空、反舰、反潜作战上升为其主要任务，防空专用的导弹和火炮逐渐成为驱逐舰的标准装备。

▲ 吹雪级特型驱逐舰

▲ 美国海军第一型导弹驱

▲ 斯普鲁恩斯级驱逐舰

20 世纪 60 年代起，驱逐舰的吨位不断变大，从基林级的 2500 多吨迅猛扩大到斯普鲁恩斯级的 6000 吨，几乎和二战时的轻巡洋舰不相上下。飞机与潜艇性能的提升，以及导弹的逐步应用，使得造价昂贵的大型导弹巡洋舰等性价比大大降低，而性价比高的驱逐舰日益突出。

20 世纪 70 年代，作战信息控制以及指挥自动化系统、灵活配置的导弹垂直发射装置、用来防御反舰导弹的小口径速射炮开始在驱逐舰上出现，驱逐舰越发变得复杂而昂贵了。英国的 42 型驱逐舰试图降低驱逐舰越来越大的排水量以及造价，而美国的斯普鲁恩斯级驱逐舰等继续向大型化发展，它们的标准排水量达到 6000 吨以上。

20 世纪 80 年代后，除了吨位和技术革新，驱逐舰的武装和任务也发生了巨大变化，具有代表性的有美国海军的提康德罗加级驱逐舰（后改称为巡洋舰），排水量提高到近万吨，并引入了能进行自动化指挥和控制的宙斯盾系统，其乘员大大减少，反应速度和战区协调指挥能力大大提高，使驱逐舰第一次具备了摆脱巡洋舰、航母也能进行独立战区控制的能力。自此，驱逐舰脱离了以往辅助的角色，真正成为能够单独组织指挥战斗的主战舰艇。不过与强大的指挥和防空力量相对应的是，该级舰的反舰和反潜能力比较薄弱，舰队主要反舰任务、反潜任务由航母完成。

苏联是大陆国家，海运仅占全国交通运输总量的 1%，其海军核心使命为发射战略导弹摧毁北约国家本土以及击溃来犯的西方舰艇编队。苏联的驱逐舰为掩护核潜艇而设计，只担负"要塞区"（特指苏军核潜艇战略巡航的区域，即巴伦支海和厄木茨克海水域）的警戒任务，因此苏联驱逐舰防空能力较弱，但是拥有令人生畏的反潜、反舰能力和极高的航速，其代表作是现代级驱逐舰。

20 世纪 90 年代以来，美国又以提康德罗加级为蓝本，建造了其简化版伯克级驱逐舰，其他国家也陆续建造了一大批各具特色的现代驱逐舰。

BROOKE-CLASS
布鲁克级导弹护卫舰（美国）

■ 简要介绍

布鲁克级导弹护卫舰是美国历史上第一级全新建造的导弹护卫舰，原称布鲁克级导弹护航驱逐舰。由于该舰拥有之前驱逐舰所没有的自卫防空能力和先进的对空搜索雷达，因此该舰在服役后成为当时航母战斗群主力的护航战舰。1975年美国海军舰种调整，布鲁克级导弹护航驱逐舰被升级为导弹护卫舰，是当时美国海军中小型战舰中的明星。

■ 研制历程

为了应对苏联海军的威胁，1962年，美国海军决定利用当时正在建造中的性能优良的加西亚级护航驱逐舰的基本设计，设计一种全新的导弹化的护航驱逐舰，以弥补亚当斯级导弹驱逐舰等主力舰防空反潜能力不足的缺憾。

1962年1月4日，美国海军将首舰的建造合同给予洛克希德船舶制造和工程建设公司。1962年12月19日，首舰"布鲁克"号在位于华盛顿州西雅图市的洛克希德船舶制造和工程建设公司下属的造船厂开工。1966年3月12日完工，加入美国海军服役。80年代末悉数退役。

基本参数	
舰长	126米
舰宽	13米
吃水	4.42米
排水量	2640吨（标准） 3426吨（满载）
航速	27.2节
续航力	4000海里/20节
舰员编制	228人
动力系统	2座福斯特-惠勒锅炉 1台GE（1-3）蒸汽轮机 或西屋4台~6台蒸汽轮机

■ 作战性能

该舰的运用方式与过去美国海军护航驱逐舰基本相同，布鲁克级导弹护卫舰的主要作战任务与加西亚级类似，依然是以反潜作战任务为核心，但是为了应对复杂的空中威胁，同时加装防空导弹系统以加强该舰的防空自卫能力。在作战使用中可以配合航母战斗群活动以强化航母战斗群反潜能力，或者对横跨大西洋的补给船团进行伴随护航；另一方面，该级舰还可以与由埃塞克斯级航空母舰改装的反潜航母配合，对苏联核潜艇进行主动猎杀。

▲ 卡曼SH-2"海妖"反潜直升机是卡曼公司研制的全天候多用途舰载直升机,主要执行反潜和反舰导弹防御任务

知识链接 >>

布鲁克级导弹护卫舰是以美国海军史上著名的海洋水文专家约翰·默瑟·布鲁克(1826—1906)来命名的。布鲁克曾入美国海军最高学府美国海军学院深造,1847年毕业之后执行海上探险和科学考察任务。他在华盛顿海军天文台任职期间,为了完成海底地形探测这一艰巨的任务,开发了一种可以准确测绘深海地面的装置。

▶ RIM-24"鞑靼人"导弹是通用动力公司旗下的一款舰载中程防空导弹,是美国海军舰艇最早装备的舰对空导弹之一,是美国海军在20世纪60—70年代的主力装备

■ 实战表现

在1988年4月14日两伊战争末期,布鲁克级"罗伯斯"号护卫舰在波斯湾进行护航作业时,发现伊朗布防的M-08水雷阵;虽然该舰发现3枚,然而在排雷作业中却误触其他的M-08水雷,在舰体水线以下5米处炸出一个长8米的大洞,爆炸的震动导致舰上两台LM-2500燃气涡轮飞离基座撞上舱顶,船舰当场失去动力。经过7个小时的灭火与堵漏,灾情得到控制,舰上有10人受伤。

PERRY-CLASS
佩里级导弹护卫舰（美国）

■ 简要介绍

佩里级导弹护卫舰是美国海军最后一级护卫舰，它以反潜作战任务为重心，同时加装标准SM-1区域防空导弹系统。舰上搭载两架LAMPS轻型空载反潜直升机，能维持更久的空中反潜巡逻。它肩负反潜作战、保护两栖部队登陆、护送舰队等任务。此外，其相对廉价适合大量生产。本级舰也是美国战后建造的数量最多的护卫舰，并向近十个国家和地区输出。

■ 研制历程

佩里级导弹护卫舰起源于20世纪70年代美国海军作战部长小埃尔莫·朱姆沃尔特的Project-60高低混合舰队计划中低档部分的舰艇。

1970年9月展开可行性研究，1971年5月完成概念设计，1971年12月完成初步设计。1972年4月，美国海军确认由吉布斯·考克斯公司进行细部设计。

1975年6月，首舰"佩里"号在贝斯钢铁造船厂安放龙骨，1976年9月下水，1977年11月交付美国海军，12月17日成军。本级舰共建了51艘。2015年9月29日，随着末舰"考夫曼"号的退役，佩里级导弹护卫舰全部退役。

▲ 佩里级导弹护卫舰编队

基本参数	
舰长	135.6米 / 138米
舰宽	13.7米
吃水	4.9米
排水量	标准2770吨 / 3010吨（长舰身构型） 满载3660吨 / 4100吨（长舰身构型）
航速	30节
续航力	4500海里 / 20节
舰员编制	214人
动力系统	2台LM2500燃气涡轮 单轴CRP单舵

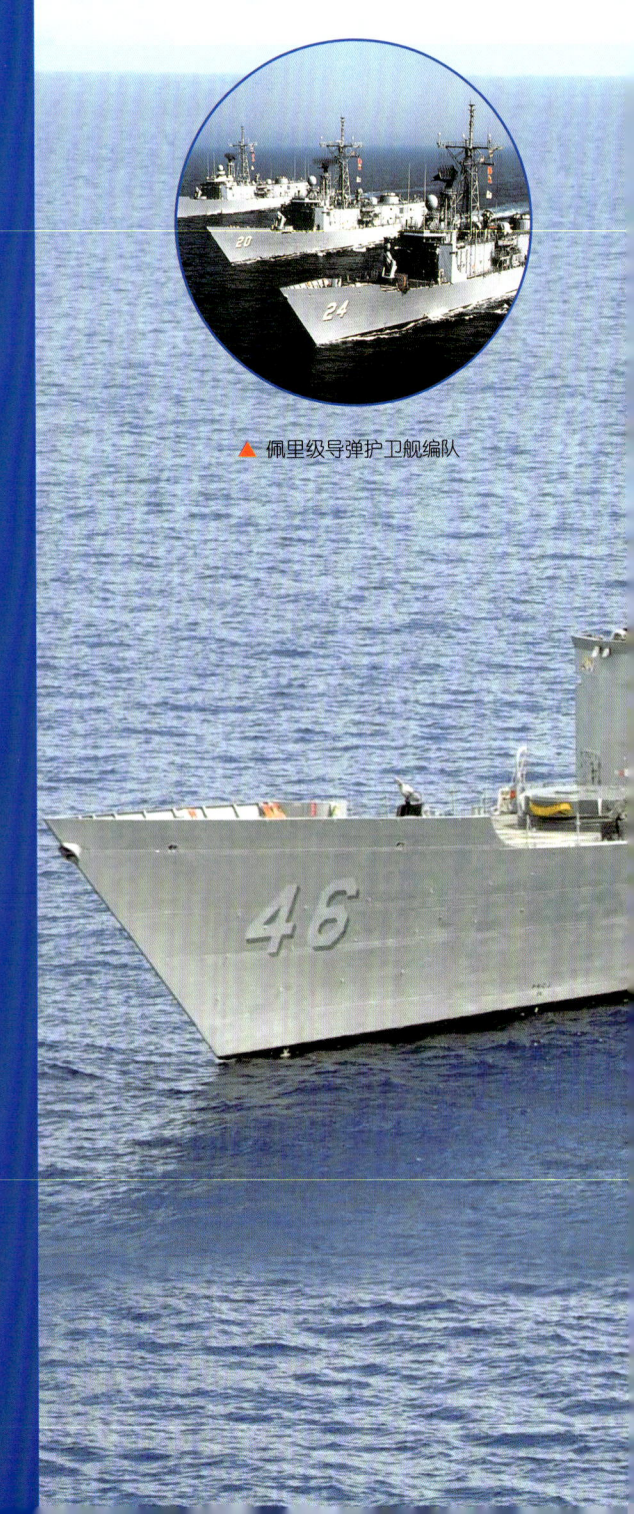

■ **作战性能**

佩里级的作战系统是"小型战术资料系统"（JTDS），是美国海军第一代舰载作战系统"海军战术资料系统"（NTDS）的简化版，以两部UYK-7主计算机（一部整合于MK-92负责处理目标追踪，一部用于火控管制）为核心，战情中心（CIC）设有一台MK-106与一台MK-107显控台，功能包括搜索追踪、作战控制、发射器指示、武器发射和发射后评估，其中MK-106专门负责操作CAS组合天线系统，MK-l07负责操作STIR雷达，两台显控台均能显示舰上搜索雷达的讯号。

知识链接 >>

佩里级导弹护卫舰以美国海军史上的民族英雄——奥利弗·哈泽德·佩里（1785—1819）之名来命名。在1812年第二次英美战争的伊利湖战役中，佩里统率美国舰队击溃英国舰队；接着，他率领运兵舰队驰援底特律，击溃当地的英军并收复该城。随后他率军出征加拿大，在泰晤士河战役中击败英军，使美国在第二次英美战争中获得决定性的胜利。

▲ 佩里级导弹护卫舰右视图

FREEDOM-CLASS
自由级濒海战斗舰（美国）

■ 简要介绍

自由级濒海战斗舰是美国海军隶下的一型护卫舰，该级舰能搭载无人飞机、无人水面舰艇和水下载具，具有吃水浅、航速高的特点，可以根据不同的战斗任务灵活调整战斗模块，实现"即插即用"。它的服役填补了当前美国海军力量与新海上战略之间存在的"空白"，美国海军大力发展高速濒海战斗舰，这是美国军事力量网络化和全球化作战的重要组成，堪称是革命性的新一代海军舰艇。

■ 研制历程

20世纪90年代初期，美国提出了SC-21水面战斗舰艇计划，打算研发一种低成本的小型多功能水面作战舰艇来取代佩里级护卫舰，以满足21世纪初期日趋多元化的濒海作战以及美国本土海岸线的防卫需求。

参与竞标的5组团队主要包括洛克希德·马丁公司、通用动力公司、雷神公司、诺斯罗普·格鲁曼公司（简称诺格）和德事隆集团。2004年5月，美国海军宣布最终竞标结果，通用动力与洛克希德·马丁两个团队同时获选。

基本参数	
舰长	115.3米
舰宽	13.16米
吃水	3.96米
排水量	2176吨（标准） 3089吨（满载）
航速	45节
续航力	4500海里/16节
舰员编制	70人
动力系统	2台MT30燃气轮机 2台16PA6B STC柴油发动机 4台V1708柴油发电机

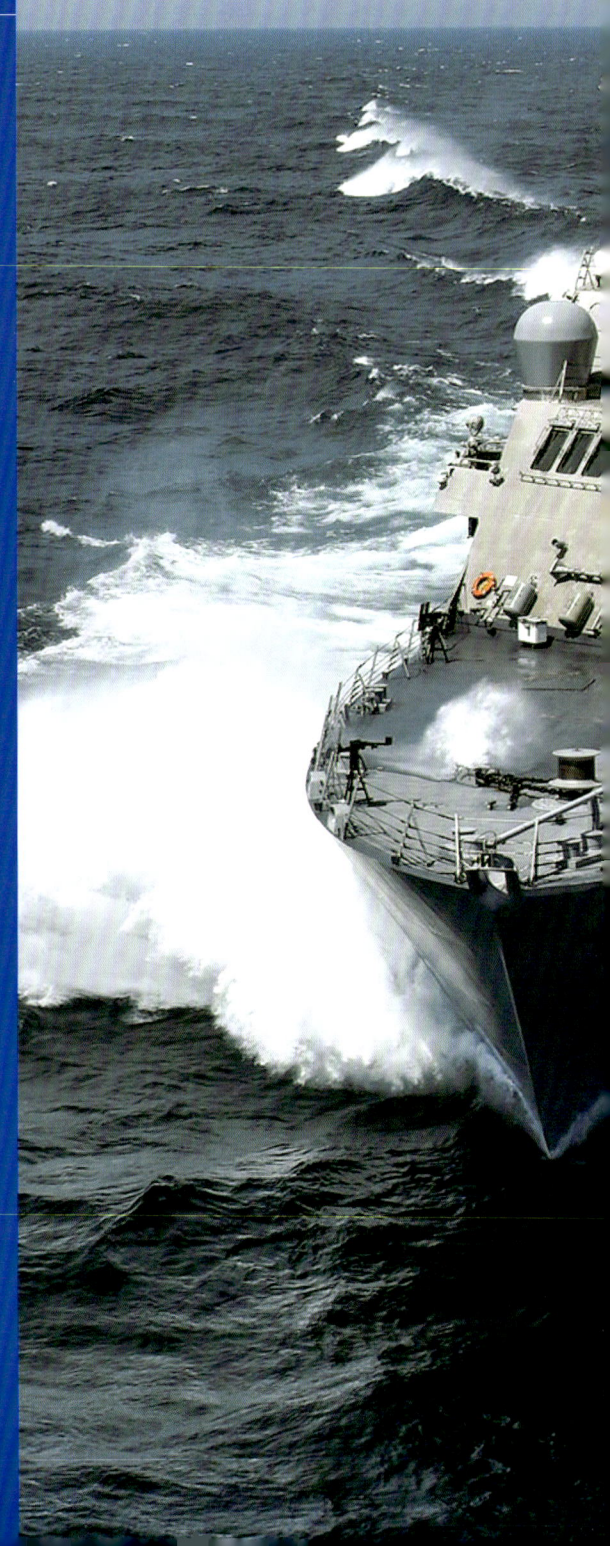

■ 作战性能

自由级濒海战斗舰具有出色的机动能力、适航性、任务执行能力和适居性，相较于独立级濒海战斗舰的设计，其舰体特性最趋近于传统单船体，风险最低，且在航速、价格、操作成本、综合机动性以及模组装设能力上都有优势。最多可搭载 220 吨的武装及任务模块系统，舰艏装备了一门"博福斯" Mk110 型 57 毫米舰炮。直升机库上方设有一套 RIM-116 "拉姆"防空导弹发射器，舰桥前后方的两侧各有一挺 12.7 毫米的机枪，共计 4 挺。直升机库结构上方还预留两个武器模组安装空间，可依照任务需求设置垂直发射器来装填短程防空导弹或者安装 MK46 型 30 毫米舰炮模组。

知识链接 >>

濒海战斗舰（LCS）主要任务是由海向陆地投送武器与兵力，因此濒海战斗舰主要着眼于在敌国沿岸水域的各种低强度作战需求，包括对付敌方沿岸可能出现的威胁、在近距离与敌方水面船艇交战、浅水海域反潜作战、清除敌国在沿海布设的水雷等。

▸ 自由级濒海战斗舰舰桥

INDEPENDENCE-CLASS
独立级濒海战斗舰（美国）

■ 简要介绍

独立级濒海战斗舰属护卫舰的范畴。其前身是20世纪90年代初美国"SC-21水面战斗舰艇计划"的一部分，是冷战后美国舰艇转型的一种三体试验舰，主要用于全球沿海水域作战。舰体采用模块化结构，并选用先进的舰体材料和动力装置，能搭载无人飞机、无人水面舰艇和水下载具，具有吃水浅、航速高的特点，被称为DD（X）的美国未来水面战舰家族中的一种专用舰型。

■ 研制历程

通用动力公司设计的三体濒海战斗舰首舰LCS-2，于2006年1月在奥斯塔造船厂铺设龙骨，2006年4月4日被命名为"独立"号，2008年4月26日下水，2010年1月16日，"独立"号在阿拉巴马州的莫比尔市举行了服役仪式，此后通用动力公司还向国际市场推出了以独立级濒海战斗舰为基型的出口型号。

基本参数	
舰长	127.6米
舰宽	31.6米
吃水	4.27米
排水量	2176吨（标准） 2784吨（满载）
航速	45节~50节
续航力	4300海里/20节
舰员编制	78人
动力系统	2台MT30燃气轮机 2台16PA6B STC柴油发动机 4台V1708柴油发电机

■ 作战性能

独立级濒海战斗舰装备了一门 MK110 型 57 毫米隐形舰炮系统，配用"多娜"舰炮火控系统，底部可以配置一部非观瞄导弹发射装置，发射射程为 22 海里的精确攻击导弹。在直升机机库上方装备了 2 门 30 毫米舰炮和一套 RIM-116"拉姆"反舰导弹防御系统。其舰载导弹发射系统是 MK48 通用型垂直发射系统，能发射北约"改进型海麻雀"防空导弹和"阿斯洛克"反潜导弹。此外，独立级还可以根据任务需求加装反舰导弹。可以搭载 1 架或 2 架 MH-60R/S"海鹰"直升机、3 架 MQ-8B"火力侦察兵"无人机，或者单独搭载 1 架 CH-53"海上种马"直升机，或者 2 架"黑鹰"直升机，"翠鸟Ⅱ"武装无人机以及无人水面/水下航行器。

知识链接 >>

瑞典的维斯比级巡逻舰可以说是世界上最早的濒海战斗舰，长 72 米，宽 10.4 米，吃水 2.4 米，最高航速 38 节，具有经过精心设计、性能极佳的隐身能力，配备反舰导弹、多用途舰炮、榴弹发射器、深水炸弹、鱼雷和先进的电子设备。

TYPE 1159 KONI-CLASS
1159型科尼级护卫舰（苏联）

■ 简要介绍

1159型护卫舰，北约称为科尼级护卫舰，是苏联的一型专门用于出口的护卫舰，又称为美洲豹级护卫舰。20世纪60年代冷战正酣之际，苏联出于和美国对抗及全球争霸的需要，通过出口轻型护卫舰等一系列的对外军售和军事援助等手段增强在海外的军事存在，因此苏联决定研制新的出口型护卫舰，1159型护卫舰应运而生。该舰出口至保加利亚、南斯拉夫、阿尔及利亚、古巴、利比亚等国。

■ 研制历程

1968年，泽廖诺多利斯克设计局根据苏联海军制定的战术和技术要求开始设计1159型，从工程代号来看，该型舰可以说是159型的后续发展替代型，实际上是以159A型为对象，再综合1124型的成功经验研制的。

所有的1159型护卫舰都在苏联高尔基市泽廖诺多利斯克340厂建造，从1975年至1987年共建造了14艘，全部用来出口。

基本参数	
舰长	96.51米
舰宽	12.56米
吃水	4.06米
排水量	1515吨（标准） 1670吨（满载）
航速	29.5节
续航力	2000海里/14节
动力系统	1台M8B型燃气轮机 1台68-B型高速柴油机

▲ 1159型护卫舰右视图

■ **作战性能**

　　1159 型护卫舰的配置较之前的 1124 型要舒展从容得多，主要装备多沿袭自 159 型和 1124 型，包括 2 座 AK-726 型 76 毫米双联装两用全自动火炮，2 座 AK-230 型 30 毫米双联装全自动高炮，2 座 PBy-6000 "龙卷风"-2 型反潜火箭发射装置，配备 120 枚 PrB-60 型火箭深弹。舰体后部的甲板室布置有 1 座采用 3H0-122 型双联装发射装置的 8310 型防空导弹综合系统（黄蜂-M 型出口版），配备 20 枚 9M33 型防空导弹（北约称为 SA-N-4 "壁虎"），部分舰还配备 2 座采用 MT-4yc 型四联装发射装置的 "箭"-3 型防空导弹综合系统，配备 20 枚 9M32M 型防空导弹（北约称为 SA-N-5 "圣杯"）。此外，舰上配备了 12 枚 BB-1 型深弹，还有 2 条布雷滑轨，配备有 14 枚水雷。

▲ 1159 型护卫舰左视图

知识链接 >>

　　1159 型护卫舰首舰被苏联命名为 "海豚" 号，舷号 690，后改为 696。"海豚" 号于 1973 年 4 月 21 日在高尔基泽廖诺多利斯克 "红色金属工" 造船厂（340 厂）开工建造，1975 年 12 月 31 日服役。令人奇怪的是，专门作为出口型舰而设计建造的该舰却一直未出口，而是用于训练舰培训乘员，一干就是 15 年，直到 1991 年 2 月 11 日从苏联海军退役。

TYPE 11661 GEPARD-CLASS
11661型猎豹级护卫舰
（苏联/俄罗斯）

■ 简要介绍

11661型护卫舰，北约称为猎豹级护卫舰，是苏联海军在20世纪80年代旨在取代1124型反潜舰（信天翁）等小型反潜舰而研发的新一代多用途近海作战舰艇，它和11540型护卫舰形成高低搭配，并积极抢占全球小吨位水面作战舰艇市场。主要功能包括水面巡逻、监视、长程与短程水面作战，以及有限度的防空与反潜；在地处封闭的里海，其火力绰绰有余。

■ 研制历程

11661型护卫舰首舰"鹰"号于1990年5月开工，1993年7月下水，此时苏联已经不复存在；由于资金短缺，"鹰"号建造缓慢，随着俄罗斯经济复苏，"鹰"号之后继续缓慢复工，1996年10月3日改名为"鞑靼斯坦"号。2002年7月，"鞑靼斯坦"号重新下水，并且改拨给里海区舰队。2003年8月31日，"鞑靼斯坦"号终于加入里海舰队服役，并且作为舰队旗舰，2003年时舷号定为691。

基本参数	
舰长	102.4米
舰宽	13.7米
吃水	3.7米
排水量	1500吨（标准） 1930吨（满载）
航速	28节
续航力	5000海里/10节
动力系统	2台M88燃气涡轮 2台D61柴油机

▲ 11661型护卫舰侧视图

■ 作战性能

11661型护卫舰的火力十分齐全，不仅拥有强大的反舰火力，还有可观的短程防空与近距离反潜武力；舰艏配备一门AK-176型76毫米59倍径舰炮，由MR-123舰炮火控雷达负责引导；舰桥前方炮位以及船尾顶各装置一门AK-630型近程防御武器系统，此外舰上还有一套4K33黄蜂MA2防空导弹系统，包括设置在舰艉的一座ZIF-122双臂防空导弹发射器，使用9M33短程防空导弹（北约代号SA-N-4），下甲板弹舱容量为20枚；9M33采用半主动雷达制导，射程约10千米，反应时间20秒。

知识链接 >>

2004年，越南与俄罗斯达成协议，购买4艘11661型护卫舰，前两艘由俄罗斯建造，后两艘技术转移至越南来建造。越南购买的11661型护卫舰不仅是全新建造，而且在设计与装备上都与俄罗斯自用的有许多不同，称为猎豹-3.9。首批两艘猎豹-3.9在2011年成军，负责越南的近海巡逻监视、反潜等，并且成为越南海军的重要武力。

TYPE 20380 STEREGUSHCHY-CLASS
20380型守护级护卫舰（俄罗斯）

■ 简要介绍

20380型护卫舰，北约称之为守护级护卫舰，是俄罗斯海军隶下的多用途轻型导弹护卫舰。本级舰主要任务为水面巡逻、查缉非法活动与反渗透侵入，可用雷达等电子装备侦测、监视周遭的海面与空域。是俄罗斯在冷战后执行的第一个护卫舰建造计划，亦为普京执政后大刀阔斧锐意改革之下俄罗斯经济复苏的展现。

■ 研制历程

20380型护卫舰建造计划于20世纪90年代后期开始执行，共有6家俄罗斯厂商针对此提出设计，最后俄罗斯海军选择了阿玛斯中央海事设计局的提案，并由北方造船厂负责建造。俄罗斯经济的持续低迷，导致俄罗斯海军在90年代的建设几乎处于停滞状态，不过在21世纪初期普京政府改革之下，造舰速度加快。

俄罗斯海军第一阶段打算先购买4艘20380型护卫舰，以每年一艘的速度服役，最终希望能购买30艘左右。首艘"守护"号于2001年12月21日在圣彼得堡的北方造船厂安放龙骨，2006年5月16日才下水，2006年11月10日展开海试，在2007年11月4日成军。

基本参数	
舰长	111.6米
舰宽	14米
吃水	3.7米
排水量	1800吨（标准） 2100吨（满载）
航速	27节
续航力	4000海里 / 14节
舰员编制	99人
动力系统	2台DDA12000柴油机

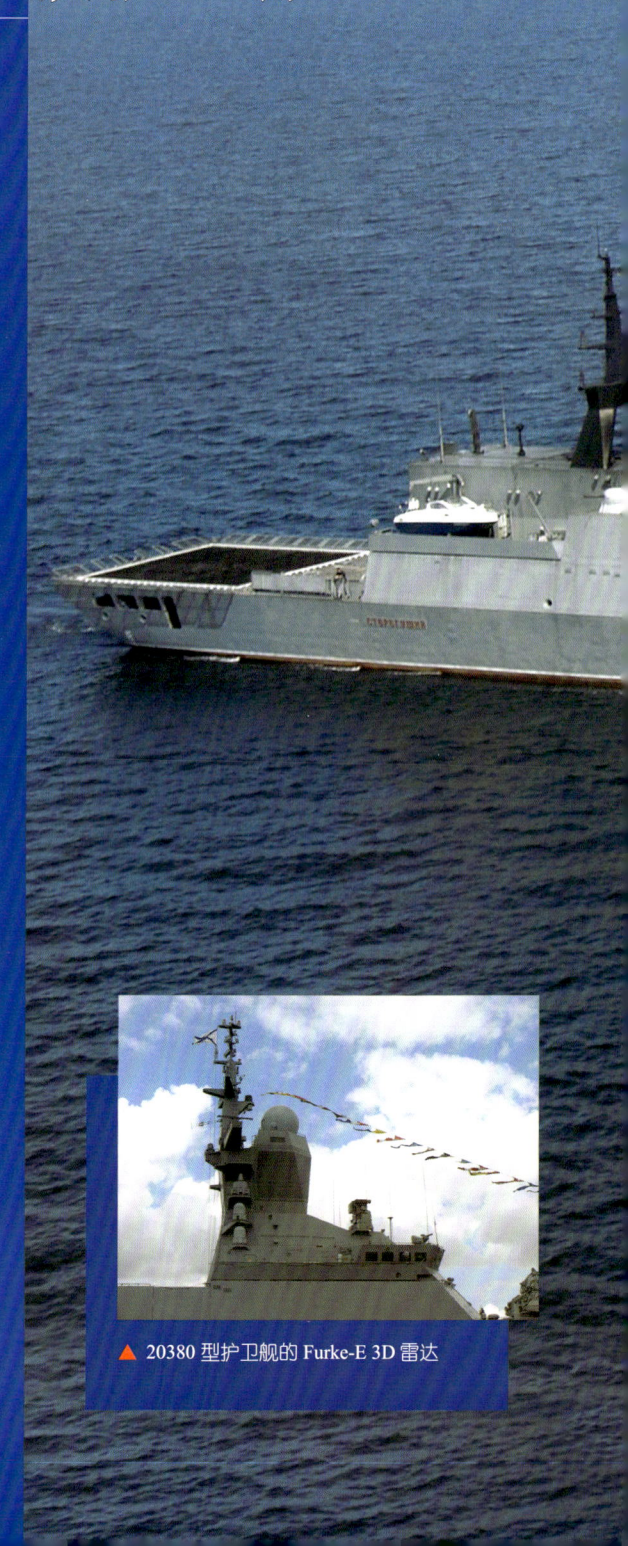

▲ 20380型护卫舰的Furke-E 3D雷达

■ **作战性能**

20380型护卫舰拥有与21世纪初期数种西方先进舰艇相似的雷达隐身外形，封闭式的上层结构简洁洗练向内倾斜，并采用封闭式主桅杆，可有效降低雷达截面积。此外，在降低红外线讯号方面也下了不少功夫。其上可配备30毫米～100毫米口径的火炮以及配套的雷达／光电射控系统，并能根据任务需求而快速换装舰上的武器与装备，例如反潜装备等。舰艇设有用以缴收、存放非法设施的空间。本级舰能搭载直升机与小艇，可追捕航速20节～25节的船舰。其作战系统为AGAT提供的Sigma-E系统。在电子战方面，配备TK-25-2电子截收及干扰系统，诱饵发射系统则为PK-10，备弹80发。

▲ 20380型护卫舰的A-190M 100毫米舰炮和"卡什坦"近迫防卫系统

知识链接 >>

俄罗斯造舰业者评估吨位在500吨～2000吨的中小型舰艇是21世纪初期舰艇市场上需求量最大的种类，因此各厂家纷纷推出不同设计，而20380型的出口版本则称为20382型虎式护卫舰，在2005年的圣彼得堡国际海军展中首度展出。20382的规格与20380相当，每艘出口价格大约为1.2亿～1.5亿美元。

TYPE 22350 ADMIRAL GORSHKOV-CLASS
22350型戈尔什科夫海军元帅级护卫舰
（俄罗斯）

■ 简要介绍

22350型护卫舰，北约称之为戈尔什科夫海军元帅级护卫舰，是俄罗斯海军隶下的中型防空导弹护卫舰，亦为俄罗斯海军在冷战结束后提出的第一种主战水面舰艇方案。22350型级整合了各种俄罗斯最新型装备、最先进系统，整体综合作战能力强大，不逊于欧洲国家在本世纪初期陆续服役的几种最新型中型防空舰艇，堪称俄罗斯海军自成立以来的最大造舰成就之一。

■ 研制历程

2003年7月，俄罗斯海军正式公布22350计划造舰项目，并交由位于圣彼得堡的北方设计局负责设计工作。

2006年2月1日，首舰22350型号在北方造船厂安放龙骨，2010年10月29日才下水；至2012年下旬，俄罗斯希望22350型号能在2013年春季交付北方舰队，不过随后又推迟到2015年。

依照俄罗斯的建军计划，北方造船厂在2018年前应交付6艘20380型和20385型舰给俄罗斯海军，并在2020年前交付6艘22350型护卫舰，显然计划被大大滞后了。

基本参数	
舰长	135米
舰宽	16米
吃水	4.5米
航速	29节
续航力	4000海里/14节
舰员编制	210人
动力系统	2台M90FR燃气涡轮 2台10D49柴油机

▲ 22350型护卫舰右视图

■ **作战性能**

22350型护卫舰排水量4500吨左右，主桅杆安装四面固定式多功能相控阵雷达，为舰艏28单元鲁道特导弹垂直发射装置发射导弹提供制导，主桅杆顶端安装一部旋转式三维搜索相控阵雷达，舰艏装备一门130毫米舰炮，并将反舰导弹装填于鲁道特后方的另一种垂直发射装置中，可装填16枚红宝石或布拉莫斯反舰导弹，舰体设计刚毅简洁，整体配置布局紧凑，综合火力强大。

▲ 22350型护卫舰左视图

知识链接 >>

戈尔什科夫（1910—1988），二战中任苏联舰队司令、新罗西斯克防御区副司令、陆军第47集团军代理司令、第56集团军司令、海军多瑙河区舰队司令、黑海舰队分舰队司令，参加了许多战役。战后历任黑海舰队参谋长、司令，海军第一副总司令，1956年任国防部副部长兼海军总司令。

TYPE 1135 KRIVAK-CLASS

1135 型克里瓦克级护卫舰

（苏联／俄罗斯）

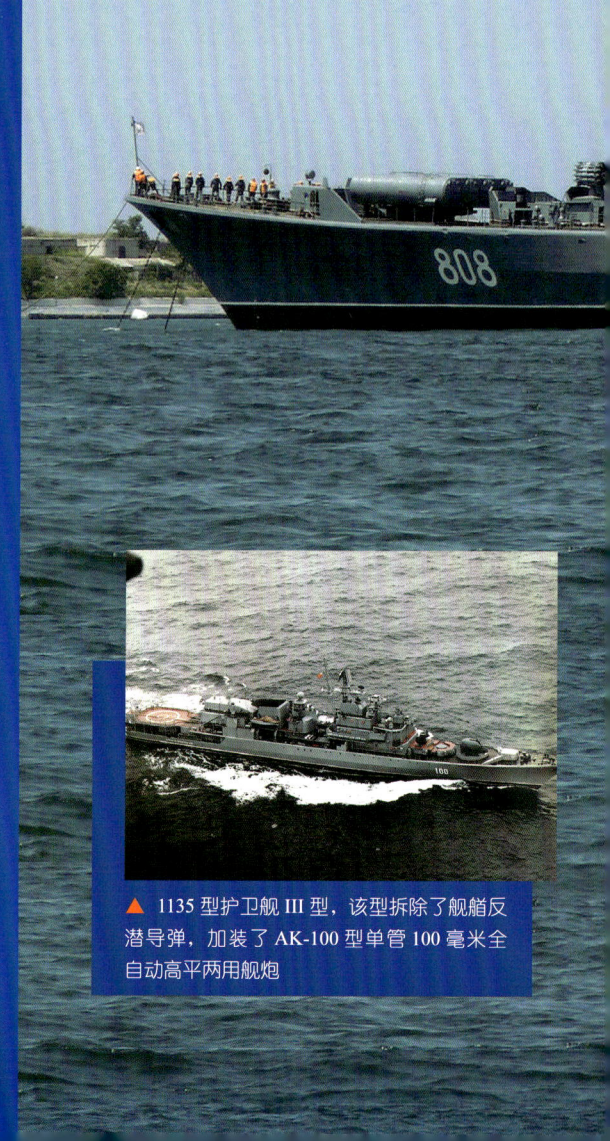

■ 简要介绍

1135 型护卫舰，北约称为克里瓦克级护卫舰，是 20 世纪 60 年代末期苏联第一级现代化导弹护卫舰。该级舰是一种全新的作战舰艇，同战后苏联海军在役的 42 型科拉级、50 型里加级、159 型别佳级以及 35 型米尔卡级等护卫舰相比已经发生了革命性的变化。它专门用来反潜，确保海上编队安全并可单独执行任务。它的成功研制为苏联后续研制新型护卫舰 11540 型无畏级护卫舰打下了基础。

■ 研制历程

20 世纪 60 年代，当时的苏联海军在戈尔什科夫海军上将领导下，开始实施远洋进攻战略，意图打造一支能在大洋上与以美国为首的北约海军对抗的全球舰队，1135 型护卫舰就是在这种背景下诞生的。

1135 型首舰由加里宁格勒的扬塔尔波罗的海造船厂、乌克兰刻赤的卡布隆造船厂和列宁格勒的日丹诺夫造船厂共同建造，建成服役 40 艘（不含为印度建造的 3 艘大改的 11356 型剑级隐身护卫舰）。

基本参数	
舰长	123米
舰宽	16米
吃水	4.5米
航速	32节
续航力	600海里/30节, 1600海里/20节
舰员编制	192人
动力系统	2台M90FR燃气涡轮 2台10D49柴油机

▲ 1135 型护卫舰 III 型，该型拆除了舰艏反潜导弹，加装了 AK-100 型单管 100 毫米全自动高平两用舰炮

■ **作战性能**

从大型反潜舰的角度来说，1135型克里瓦克级与61型卡辛级驱逐舰、1134型克列斯塔Ⅰ级巡洋舰、1134A型克列斯塔Ⅱ级巡洋舰和1134B型卡拉级巡洋舰相比只能排在最后一名。不过，被降级为护卫舰后，1135型克里瓦克级一举扭转了苏联海军护卫舰吨位小、远航能力差、武器装备落后的局面，开创了红海军护卫舰大型化、远洋化等现代化的先河。从长远来看，1135型护卫舰是苏联海军第一级，同时也是最后一级批量建造的大型导弹护卫舰。

▲ 1135型护卫舰Ⅰ型，其鲜明的特征就是安装在舰艏巨大的SS-N-14反潜导弹发射器

知识链接 >>

1975年11月8日晚，一艘隶属于苏联海军红旗波罗的海舰队的1135型"警戒"号驱逐舰擅自起锚急驶而去。随之，苏联海军从空中和海上两个方向立体搜索这艘军舰。原来"警戒"号副舰长妄图劫持军舰前往瑞典。最后，在苏联海军的拦截和攻击下，被蒙骗的水兵夺回了战舰的控制权，戏剧性地结束了这场冷战期间震惊苏联的叛逃事件。

TYPE 11540 NEUSTRASHIMYY-CLASS
11540型无畏级护卫舰
（苏联/俄罗斯）

■ 简要介绍

11540型护卫舰，北约称无畏级护卫舰，是俄罗斯（苏联）海军隶下的大型舰队警戒护卫舰。它是在1135型护卫舰的基础上发展而来，扩大了舰体，强化远洋适航性，拥有齐全强悍的火力配置，堪称苏联最高武器整合水平的展现。原本计划大量建造，取代1135型护卫舰，但本级舰的建造却适逢苏联解体，仅建了3艘，2艘进入服役，现均隶属于俄罗斯海军波罗的海舰队。

■ 研制历程

1972年，苏联海军提出需求，11540型护卫舰是一种小型反潜护卫舰艇，标准排水量只有800吨，航速则高达35节。随后由于需求不断扩充，陆续加入新装备，逐渐大型化。到了1979年出炉的细部设计中，其标准排水量达到2000吨，加入直升机起降设施等之后，达到2500吨，航速至28节。

此时11540型护卫舰的排水量已经与1135型护卫舰相当，因此在1982年，苏联海军通过新的方案，为其配备最先进的船电系统与武器系统。至此，11540型护卫舰成为一种标准排水量超过3500吨、满载排水量接近4500吨的全能型舰队护卫舰。

基本参数	
舰长	131.2米
舰宽	15.5米
吃水	4.8米
排水量	4250吨
航速	30节
舰员编制	210人
动力系统	2台燃气涡轮发电机 1台燃气发电机组 2台柴油发电机组

▲ 11540型护卫舰侧视图

■ 作战性能

11540型护卫舰的电子系统是当时苏联海军的最新式装备，其中有不少是1144型巡洋舰等大型舰艇采用的系统。防空火控系统将舰上所有的侦测、预警系统及防空武装整合在一起运作；接战时，火控系统首先以射程最长的SA-N-9近程防空导弹接战；如果一击不中，火控系统修正参数后，便会分派第二层卡什坦的SA-N-11短程防空导弹接战；如果目标依旧闯过拦截，则指挥卡什坦的30毫米机炮进行最后一层防御。

知识链接 >>

护卫舰是中小型战斗舰艇。它可以执行护航、反潜、防空、侦察、警戒巡逻、布雷、支援登陆和保障陆军濒海翼侧等作战任务，曾被称为护航舰或护航驱逐舰。在现代海军编队中，护卫舰是在吨位和火力上仅次于驱逐舰的水面作战舰只，但由于其吨位较小，自持力较驱逐舰弱，远洋作战能力逊于驱逐舰。

▲ 11540型护卫舰俯视图

TYPE 21630 BUYAN-CLASS
21630型暴徒级护卫舰（俄罗斯）

■ 简要介绍

21630型护卫舰，北约称为暴徒级护卫舰，别称布扬级炮艇，是俄罗斯海军的一种小型护卫舰。它尺寸小、吃水浅，非常适于在里海地区包括沿岸海域的作战行动。尽管舰上没有装备反舰导弹，但其防空作战能力较强，既可打击海上舰船，也可攻击海岸目标。11661型护卫舰与其形成高－低搭配使用，组成俄海军在里海地区无可匹敌的"黄金搭档"，主要用于捍卫俄罗斯200海里专属经济区及丰富的自然资源，同时威慑周边国家，并力图阻止西方大国势力向里海地区渗透。

■ 研制历程

苏联解体后，俄罗斯虽然较少设计建造新的大型水面作战舰艇，但是也先后推出了多种小型作战舰艇，其中21630型护卫舰的尺寸和排水量最小，是俄罗斯海军专门为里海舰队量身定制的小型舰艇。

俄罗斯海军在1999年就开始公开招标建造21630型护卫舰，多家著名造船厂参与竞争。经过多轮仔细评估后，2003年春季，俄罗斯海军宣布金刚石船舶制造公司胜出，负责设计建造。

基本参数	
舰长	62米
舰宽	9.6米
吃水	2.5米
排水量	520吨（标准） 600吨（满载）
航速	26节
续航力	1500海里/15节
舰员编制	34人
动力系统	2台MTU16V4000M90柴油机

▲ 21630型护卫舰发射"口径"巡航导弹，成功命中了1500千米之外的目标

■ 作战性能

21630型护卫舰采用隐身设计，重点在于上层建筑及武器系统的外形简洁流畅以降低雷达反射信号，烟囱置于艇两舷侧与海面平行以减少红外信号。舰艏安装一座十分先进的A-190型100毫米高平两用火炮。上层建筑之后的甲板两舷各布置一座AK-306型6管30毫米加特林自动近防火炮系统。另外，位于舰艉明显低一级的甲板上安装1座UMS-73冰雹120毫米多管火箭炮发射系统，用于发射无控或末制导火箭。在AK-306型近防火炮之后、同层甲板向后凸出的地方布置一座四联装3M-47防空导弹发射系统。

▲ 21630型护卫舰发射"口径"巡航导弹

知识链接 >>

21630型护卫舰服役于里海舰队，里海名为"海"，其实是"湖"，占地面积386428平方千米，是世界上最大的咸水湖，位于欧洲和亚洲的交界处。里海一共与5个国家接壤，也是世界上接壤最多国家的湖。里海拥有与海洋相似的生态系统，海运业发达。里海在地理学上属性为"海迹湖"，它在1.1万多年前与黑海分离后成为一个内陆湖泊。

TYPE 21 AMAION-CLASS
21 型女将级护卫舰（英国）

■ 简要介绍

21 型护卫舰是皇家海军第一种采用全燃气涡轮推进的水面舰艇，其具有启动快、加速快、体积小、自动化程度高、节约大量人力等优点。由于燃气涡轮推进系统带来的高机动性，21 型护卫舰在皇家海军中获得了"保时捷"的美称。它是英国的一级多用途护卫舰，舰名全部取自古希腊神话中的亚马逊族女战士的名字，国内通称为女将级。适用于水面巡逻、经济海域维护等广泛的中低强度作战任务。曾参加马岛战争，被击沉 2 艘，其余 6 艘现已转售巴基斯坦海军，称为促进级。

■ 研制历程

1966 年，英国工党政府取消了当时皇家海军进行中的 CVA-01 航空母舰计划以及配套的 82 型导弹驱逐舰，皇家海军需要有一批能迅速服役的新舰来更新护航舰艇的阵容。当时英国各海军造船厂都忙于 42 型驱逐舰与 22 型护卫舰的筹备工作，因此皇家海军决定向民间船厂招标进行设计建造。沃斯柏船厂以该厂用来外销的 MK-5、MK-7 护卫舰为基础而设计，最后被皇家海军采用。

基本参数	
舰长	117 米
舰宽	12.7 米
吃水	5.9 米
排水量	3100 吨（标准） 3600 吨（满载）
航速	30 节
续航力	4000 海里 / 17 节
舰员编制	175 人
动力系统	2 台"泰因"RM1A 型燃气轮机 2 台"奥林普斯"TM3B 型燃气轮机

▲ 21 型护卫舰上的鱼雷发射器

■ **作战性能**

21 型护卫舰的舰艏配备一门维克斯 MK-8 型 114 毫米舰炮，这是当年新推出不久的新式自动舰炮。舰上防空则依赖一套安装在机库上的 GWS-24 改良型"海猫"防空导弹系统，每次可发射两枚海猫导弹接战两个目标。还配备两门人工操作的"奥里康"20 毫米机炮，舰艉设有一座直升机库与飞行甲板，早期搭载一架"黄蜂"轻型直升机，之后则换成"大山猫"反潜直升机。

▲ 高速航行中的 21 型护卫舰

知识链接 >>

由于 21 型护卫舰控制成本，舰体大量使用商规标准，几乎没有任何防护重要舱室的装甲，而且上层结构大比例地使用铝合金材料，导致该舰的抗战损与损管能力不足，且可靠性和耐久性也非常有限。

TYPE 22 BROADSWORD-CLASS
22型大刀级护卫舰（英国）

■ 简要介绍

22型护卫舰，或以首舰命名为大刀级护卫舰，是英国皇家海军于20世纪70年代陆续推出的大型远洋多用途护卫舰，其尺寸与排水量对当时的护卫舰而言堪称相当庞大，与42型驱逐舰不相上下。虽然较大的舰体对于耐海性、适居性与持续战力都很有帮助，但这也是本级舰造价水涨船高的主因之一。

■ 研制历程

1966年，CVA-01及配套的82型驱逐舰被取消后，皇家海军必须重新思考未来的舰队规划。1967年7月，得到英国政府同意后，英国皇家海军开始几个新舰艇的研发计划。最初22型护卫舰打算规划成类似利安德级的次等廉价舰型，专用于反潜，预计建造24艘。但随后装备与吨位逐渐扩充，慢慢地朝向通用驱逐舰的方向发展。

22型护卫舰的建造一共分为三批，分别是第一批次大刀级共4艘、第二批次伯克瑟级共6艘和第三批次康沃尔级共4艘。本级舰建造历程长达14年（1974—1988）。皇家海军编制内最后一艘本级舰于2011年6月30日退役，另外有7艘分别售予巴西、智利和罗马尼亚。

基本参数

舰长	131米
舰宽	14.8米
吃水	6.1米
排水量	4400吨（满载）
航速	30节
动力系统	2台罗罗Olympus TM3B型加力燃气轮机 2台罗罗2 Tyne RM1C型巡航燃气轮机

■ 作战性能

22型护卫舰第一批次大刀级护卫舰上没有装备中口径舰炮，舰上的炮式武器仅2门20毫米防空机炮，这是受到20世纪六七十年代流行的"导弹将完全取代火炮"思想的影响。大刀级护卫舰装置了4部单管法制"飞鱼"反舰导弹发射器，2座GWS.25"海狼"防空导弹发射器，分别设置在船前方以及舰艉直升机库上方，共备弹32枚；2座配合"海狼"导弹的Type-910射控雷达则分别设置在舰桥后方顶部以及后桅杆后方。大刀级的作战系统沿用21型护卫舰的电脑辅助行动资讯系统（CAAIS）。

知识链接 >>

22型护卫舰第二批舰的最后4艘舰和第三批舰的飞行甲板全部加长，以搭载"海王"或EH 101"默林"反潜直升机。第三批舰还以2组美制四联装"鱼叉"反舰导弹发射器取代前两批22型的"飞鱼"导弹，反舰火力倍增。总之，22型护卫舰第三批防空与反舰能力都获得强化，战力较前两批22型更加均衡。

▲ "海狼"防空导弹是22型的主要防空武器

TYPE 23 BUKE-CLASS
23型公爵级护卫舰（英国）

■ 简要介绍

23型护卫舰，该型的命名采用英国公爵等级的爵位名，故也被称为公爵级护卫舰，是英国皇家海军隶下的大型远洋多用途护卫舰。其在设计阶段虽然被定位为廉价的反潜护卫舰，但是在设计阶段逐步扩充，演变成一种多功能舰艇，除了具备优异的反潜能力之外，防空能力也相当出色，在冷战结束后北约各国作战需求巨变的情况下，仍能成为皇家海军倚重的多功能舰艇，伴随着皇家海军特遣武力在冲突地区出没。

◀ 32单元"海狼"防空导弹垂直发射系统

■ 研制历程

英国皇家海军在20世纪70年代中期开始规划更新反潜护卫舰。1981年春，英国提出了23型护卫舰的参谋计划纲要，并在1981年年中获得许可。1982年马岛战争爆发后，23型护卫舰吸取了不少战争中的教训，进行了较大的调整。皇家海军在1984年10月29日签约订购首艘23型护卫舰，1996年2月28日，皇家海军订购最后3艘，总计16艘。首艘"诺福克"号于1990年服役，最后一艘则在2002年6月加入皇家海军。

基本参数	
舰长	133米
舰宽	16.1米
吃水	5.5米
排水量	3500吨（标准） 4200吨（满载）
航速	28节
舰员编制	185人
动力系统	2台Spey SM-1A燃气涡轮 2台Spey SM-1C燃气涡轮 4台GEC-Alsthom Paxman Valenta 12RPA-200CZ柴油机 2台推进用直流电动机

▲ 23型护卫舰MK-8型114毫米自动舰炮射击

■ **作战性能**

　　23型护卫舰拥有齐全强大的武装。公爵级最主要的防空自卫武器为B炮位的GWS.26-1"海狼"防空导弹垂直发射系统，共有32管，提供相当强大的点防空自卫能力。"海狼"防空导弹使用指挥至瞄准线（CLOS）方式导引，先由搜索雷达侦获目标位置，再由计算机将火控雷达对准目标并发射导弹接战；火控雷达同时追踪来袭目标与"海狼"导弹，将资料传至火控计算机计算两者的相位差，对"海狼"导弹发出航向修正的指令，指挥导弹朝着火控雷达与目标之间的瞄准线飞去，直到命中目标。

▲ 23型护卫舰发射"鱼叉"反舰导弹

知识链接 >>

　　2005年9月7日，英国与智利国防部签订合约，以1.35亿英镑的超低总价将除役的3艘军舰售予智利，"诺福克"号在2006年移交给智利，更名为"康查伦"号；"卡夫顿"号于2007年移交给智利，将其命名为"林其"号；而"马波罗"号则在2008年移交给智利，并被命名为"康迪尔"号。

TYPE 26
26 型护卫舰（英国）

■ 简要介绍

26 型护卫舰，又称全球战斗舰，是 21 世纪初英国国防部为英国皇家海军订购和设计建造的新型护卫舰。其主要任务是反潜作战、为高价值船舰提供护航、支援地面作战、情报收集、洋面巡逻监视，并能执行人道救援、灾难救助、疏散等非作战性任务。这是一种具备优良静音特性的水面作战舰艇，计划从 2020 年初期开始逐渐替换英国皇家海军现役的 23 型护卫舰。在 2060 年之前，该型舰将成为皇家海军水面舰队的中坚力量。

■ 研制历程

2005 年，英国国防部提出一项新的 FSC 概念，主要工作是为了取代现役 22 型 / 23 型功能的水面舰艇进行研究。

2010 年 3 月 25 日，英国国防部与 BAE 系统公司签署一纸为期 4 年、总值 1.27 亿英镑的合约，建造取代 22 型 / 23 型的新型水面舰艇，即 26 型舰 13 艘。为了完善该型舰的详细设计，英国组建了超过 650 人的联合团队。

2017 年 7 月，英国最终批准建造首批 3 艘 26 型护卫舰。每艘造价 16 亿美元，是 2010 年最初估计造价的 3 倍，接近美军伯克级驱逐舰的采购价。

基本参数	
舰长	149.9 米
舰宽	20.8 米
排水量	6900 吨
航速	大于 26 节
舰员编制	365 人
动力系统	2 台电动机 4 台高速柴油发电机

■ **作战性能**

26型护卫舰带来的是一个全新概念：横贯舰中部的多用途模块，可并排搭载多达4艘高速硬式充气艇，特种作战单元，深潜器或者扫雷装备。总共分为三种概念，依照档次由高到低，分别是称为C1的反潜作战舰艇、称为C2的稳定型作战舰艇以及称为C3的海洋巡逻舰艇。英国海军对其定位明确、突出任务重点，在相关性能上有所取舍，坚持实用至上原则。作为英国皇家海军的未来主力水面作战舰艇，26型护卫舰将与伊丽莎白女王级航空母舰、45型驱逐舰、机敏级核动力弹道导弹潜艇、新型远洋巡逻舰艇和新型两栖运输舰艇一起，共同构成英国皇家海军未来舰艇部队的中坚力量。

知识链接 >>

2017年9月23日，皇家海军第1艘26型护卫舰被命名为"格拉斯哥"号，第3艘26型护卫舰被命名为"贝尔法斯特"号。2018年3月1日，皇家海军第2艘26型护卫舰被命名为"加的夫"号。

▲ 26型护卫舰设计图

LA FAYETTE-CLASS
拉法耶特级护卫舰（法国）

■ 简要介绍

拉法耶特级护卫舰是法国海军隶下的远洋巡逻护卫舰，法国海军定义为远洋殖民地巡逻舰，负责法国广大的专属经济区以及海外属地的巡逻任务。只具备水面作战的功能，防空方面仅能实现基本自卫，而且不具备反潜作战能力，舰载直升机主要用于洋面巡逻、搜救、反舰导弹标定等任务。本级舰是世界上最早在舰体彻底考虑降低各种信号，采用全面降低舰体可侦测性设计的护卫舰，对20世纪90年代起各国军舰的设计产生深远的影响——隐身成为最重视的舰艇技术指标之一。

◀ 两组四联装MM40"飞鱼"反舰导弹发射器

■ 研制历程

法国海军在1988年签约订购第一批3艘拉法耶特级的建造合约，1992年再签约采购第二批3艘，但第二批有不小的改良。随着法国国防预算的衰减，将取消第6艘拉法耶特级。此外，拉法耶特级也推出外销用的衍生型，现已有沙特阿拉伯、新加坡先后采购。

基本参数	
舰长	125米
舰宽	15.4米
吃水	5.8米
排水量	3230吨（标准） 3600吨（满载）
航速	25节
续航力	9000海里/12节
舰员编制	178人
动力系统	4台SEMT-皮尔斯蒂克12PA6V 280STC柴油机

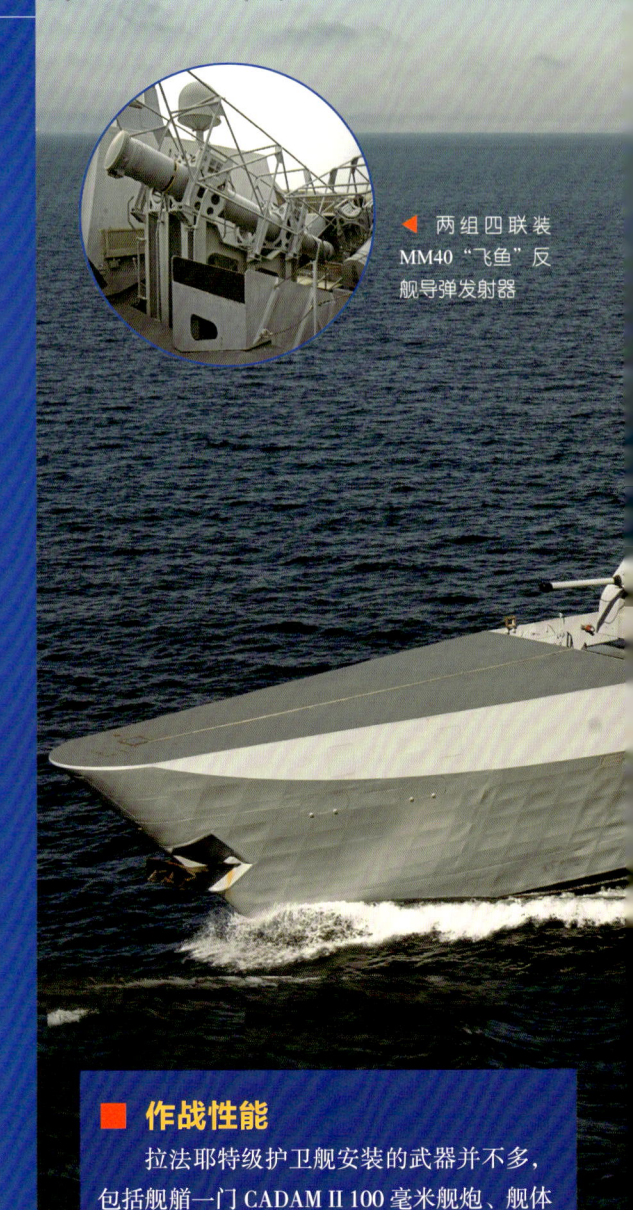

■ 作战性能

拉法耶特级护卫舰安装的武器并不多，包括舰艏一门CADAM II 100毫米舰炮、舰体中段两组四联装"飞鱼"MM40反舰导弹发射器、舰桥后方左右各一的"吉特"20FS 20毫米机炮，以及机库上方一具八联装"响尾蛇"防空导弹发射器。

▲ 八联装"响尾蛇"防空导弹发射器

知识链接 >>

拉法耶特侯爵吉尔伯特·德·莫蒂勒（1757—1834），法国贵族。1789年出任法国国民军总司令，起草《人权宣言》和制定三色国旗，成为立宪派的首脑，风云一时。1830年再次出任国民军司令，参与建立七月王朝。由于参加了美国独立战争和经历了法国大革命，被称为两个半球的英雄。

拉法耶特级的"海响尾蛇"系统使用20世纪90年代推出的VT-1短程防空导弹，大幅强化对高速高机动目标拦截能力。除了发射器内8枚备射弹之外，舰上另储有16枚弹。在反潜方面，拉法耶特级设有一座直升机库以及直升机甲板，可操作一架AS-565MA"美洲豹"或SA-321G"超黄蜂"直升机，未来将换装新一代的NFH-90反潜直升机；除此之外，舰上没有任何声纳系统、反潜作战系统以及舰载反潜武器。

FLOREAL-CLASS
花月级护卫舰（法国）

■ 简要介绍

花月级护卫舰，音译为弗洛雷亚尔级，是法国海军隶下的二等远洋殖民地巡逻护卫舰。主要任务是在和平时期与低强度冲突中保护法国的海外利益，例如经济海域或太平洋上的殖民地等，主要任务包括海面巡逻、运送人员物资等。无高烈度正规作战能力，不具备任何反潜能力。法国海军对这类舰艇的要求并非着眼于强大的作战能力与科技水平，而是操作与维护上的简单便利、较低的训练需求与损耗、可靠的性能、购置与维持的经济性、续航能力、远洋长期独立作战能力、耐海性与成员适居性等，以便长期在远离本土的海域有效执行各种低强度任务。

■ 研制历程

为了取代20世纪60年代服役的李威利上校级远洋巡逻舰，法国在1986年主持的水面舰艇发展会议中，决定建造新一代的远洋巡逻舰，命名为花月级。该舰排水量约3000吨，共8艘，其中外销摩洛哥2艘，法国自用6艘。舰体由大西洋造船厂制造，在1990年到1994年间陆续完工服役。

基本参数	
舰长	93.5米
舰宽	14米
吃水	4.3米
排水量	2600吨（标准） 2950吨（满载）
航速	20节
续航力	10000海里/15节
舰员编制	126人
动力系统	4台皮尔斯蒂克6PA6L280柴油机 2台舰艉推进器

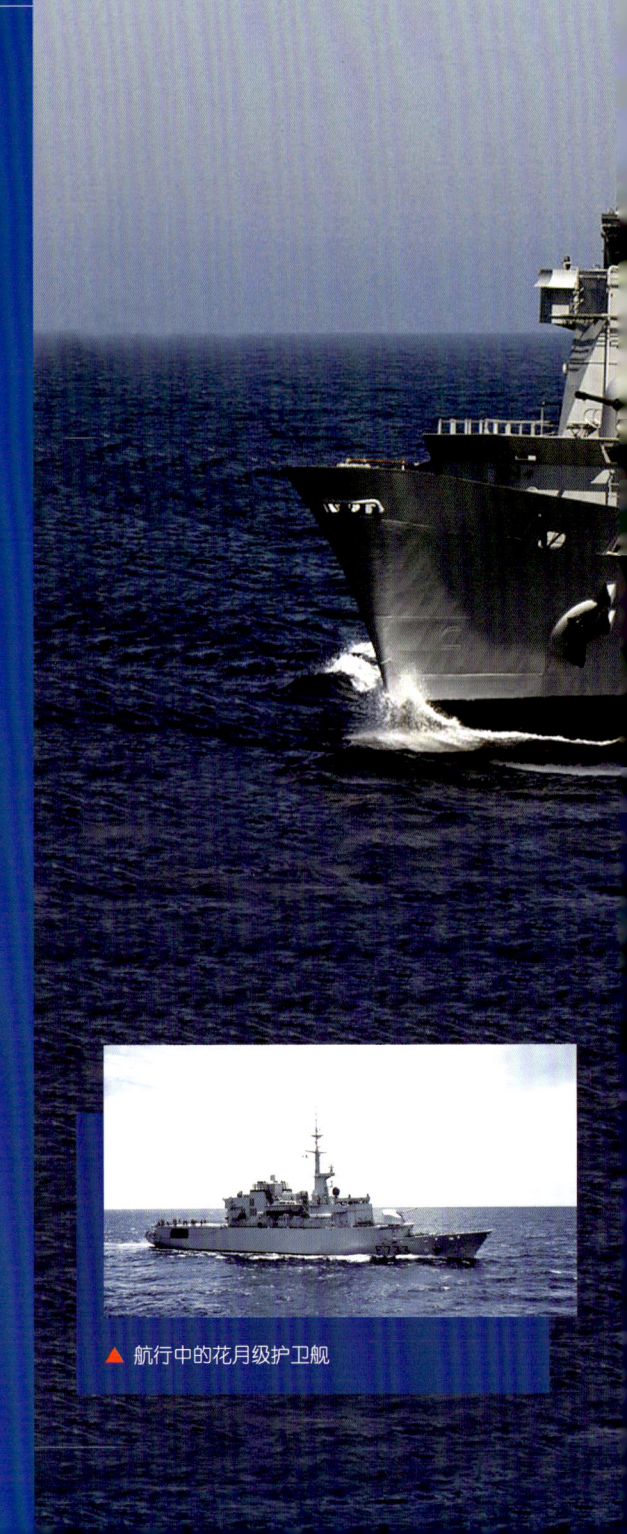

▲ 航行中的花月级护卫舰

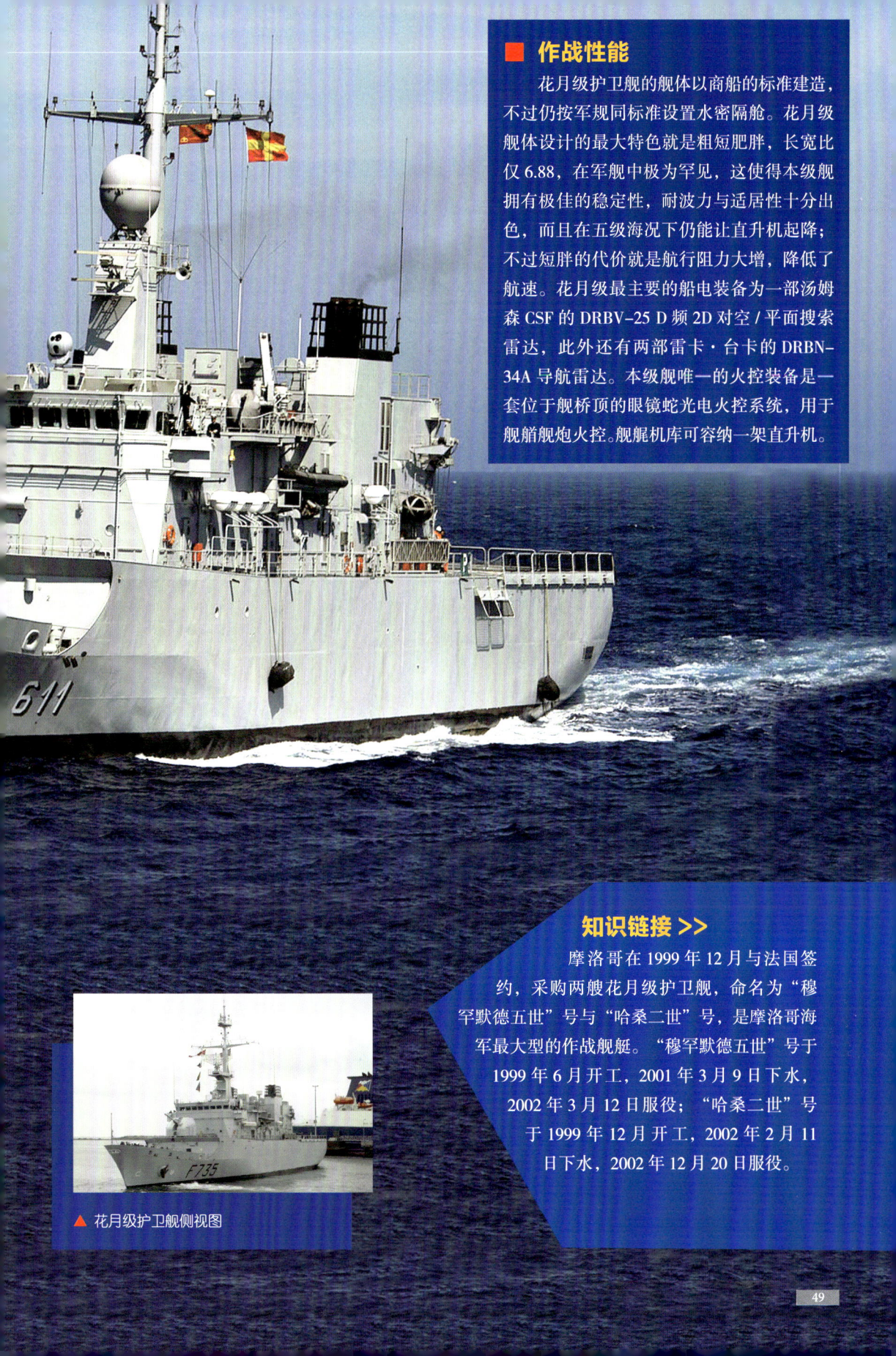

■ 作战性能

花月级护卫舰的舰体以商船的标准建造，不过仍按军规同标准设置水密隔舱。花月级舰体设计的最大特色就是粗短肥胖，长宽比仅6.88，在军舰中极为罕见，这使得本级舰拥有极佳的稳定性，耐波力与适居性十分出色，而且在五级海况下仍能让直升机起降；不过短胖的代价就是航行阻力大增，降低了航速。花月级最主要的船电装备为一部汤姆森CSF的DRBV-25 D频2D对空/平面搜索雷达，此外还有两部雷卡·台卡的DRBN-34A导航雷达。本级舰唯一的火控装备是一套位于舰桥顶的眼镜蛇光电火控系统，用于舰艏舰炮火控。舰艉机库可容纳一架直升机。

▲ 花月级护卫舰侧视图

知识链接 >>

摩洛哥在1999年12月与法国签约，采购两艘花月级护卫舰，命名为"穆罕默德五世"号与"哈桑二世"号，是摩洛哥海军最大型的作战舰艇。"穆罕默德五世"号于1999年6月开工，2001年3月9日下水，2002年3月12日服役；"哈桑二世"号于1999年12月开工，2002年2月11日下水，2002年12月20日服役。

GOWIND-CLASS
追风级轻型护卫舰（法国）

■ 简要介绍

追风级轻型护卫舰是法国研制的一型濒海战斗舰。由于近海环境的特殊性，作战舰艇极易受到来自空中、水下、水面全方位的威胁。为此，反潜、反水雷和反艇作战是近海作战舰艇的三大主要使命。从追风级舰配备的标准化武器装备来看，基本上能够满足三大主要作战使命，特别是对于一些中小国家而言，追风系列舰完全能够满足其低烈度的濒海作战需求。

■ 研制历程

进入21世纪，随着西方海军强国逐渐将战略重点由大洋转向濒海，相对灵活的轻护舰开始受到追捧，新的型号和设计不断涌现。其中，法国舰艇建造局（DCNS）非常善于发掘和把握市场机会。

2004年，DCNS向法国海军提出了开发"追风"系列护卫舰的计划。当然，它并不是专为法国海军设计的，而是一种主要面向国际市场的出口型产品。法国海军认识到其价值，敦促DCNS加快这一符合政府关于武装力量改革新观念的项目研发。DCNS在设计追风级护卫舰时提供了三种型号，即基本型、防空型和反潜型。基本型和防空型是法国海军目前使用的型号，而反潜型只供出口。

基本参数	
舰长	80米
舰宽	12.3米
吃水	3米
排水量	1250吨
航速	30节
续航力	2000海里/15节
舰员编制	50人
动力系统	柴-柴联合动力装置（CODAD）

■ 作战性能

追风级轻型护卫舰的舰体设计简洁紧凑，其上层建筑与拉斐特级护卫舰有些类似，都采用侧壁内倾和干舷部外倾设计，消除了所有露天的两面角和三面角，以避免敌方雷达入射波。追风级设计上的一大创新是倾斜封闭式导弹发射装置。作为轻型护卫舰，追风级选择了中口径的奥托－梅莱拉76毫米或"博福斯"57毫米舰炮系统，用于濒海支援、反水面或防空作战。

此外，该级舰还安装有30毫米防空速射炮。这种武器搭配模式充分保证了其作为轻型濒海舰艇的任务弹性。追风级设计的最大特点就是淘汰了拉斐特级前后桅的传统设计，代之以一个先进的综合封闭式桅杆，这种单桅设计的主要优点是省出了大量上层建筑空间，既有利于隐身，也为在不大的舰体上安装更全面的武器系统提供了方便。

知识链接 >>

法国 DCNS 集团在欧洲乃至世界海防系统市场占据着领导地位。为了满足客户对更具综合性的海防系统的需要，DCNS 集团以主承包商的身份负责海军的军舰制造，同时也选择性地与其他厂商合作。为了进行复杂的项目，DCNS 集团还引进了造船、系统工程、船舶总装、设备设计和生产等领域成熟的专业技术。

▲ 追风级轻型护卫舰正视图

BRANDENBURG-CLASS
勃兰登堡级护卫舰（德国）

■ 简要介绍

勃兰登堡级护卫舰，亦以计划名称之为F-123型，是德国联邦国防军海军隶下的多用途导弹护卫舰。本级舰在设计上借助先进的模块化技术，在实用性方面表现更加突出，全部为钢制构造，提供更大空间，可以容纳更多的舰载人员，并加载了先进的鳍状水平尾翼，用以取代汉堡级驱逐舰，主要致力于反潜作战，同时可受命承担防空、舰船集团战术指挥和水面作战等多种任务。

■ 研制历程

1987年，西德决定将NFR-90的订购量由8艘降为4艘，另外4艘的空缺则由西德自行设计的新护卫舰来递补，这就是勃兰登堡级护卫舰的起源。它由德国著名的水面舰艇厂商——勃姆沃斯造船厂主导开发。

1989年6月28日，德国联邦军事科技暨采购办公室签订勃兰登堡级的建造合约，共建造4艘。4艘F-123（F-215、216、217、218）分别由勃姆沃斯、豪尔德、泰森以及不莱梅·渥肯各造一艘，1996年，不莱梅·渥肯在完成F-218尚未交舰之际，由于经营不善而宣告破产，该舰后续的测试验收便由泰森接手。

基本参数

舰长	138.8米
舰宽	16.7米
吃水	4.4米
排水量	4490吨（标准） 4700吨（满载）
航速	29节
续航力	4000海里/18节
舰员编制	228人
动力系统	2台LM-2500燃气涡轮 2台MTU 20V ZOV956 TB92柴油机

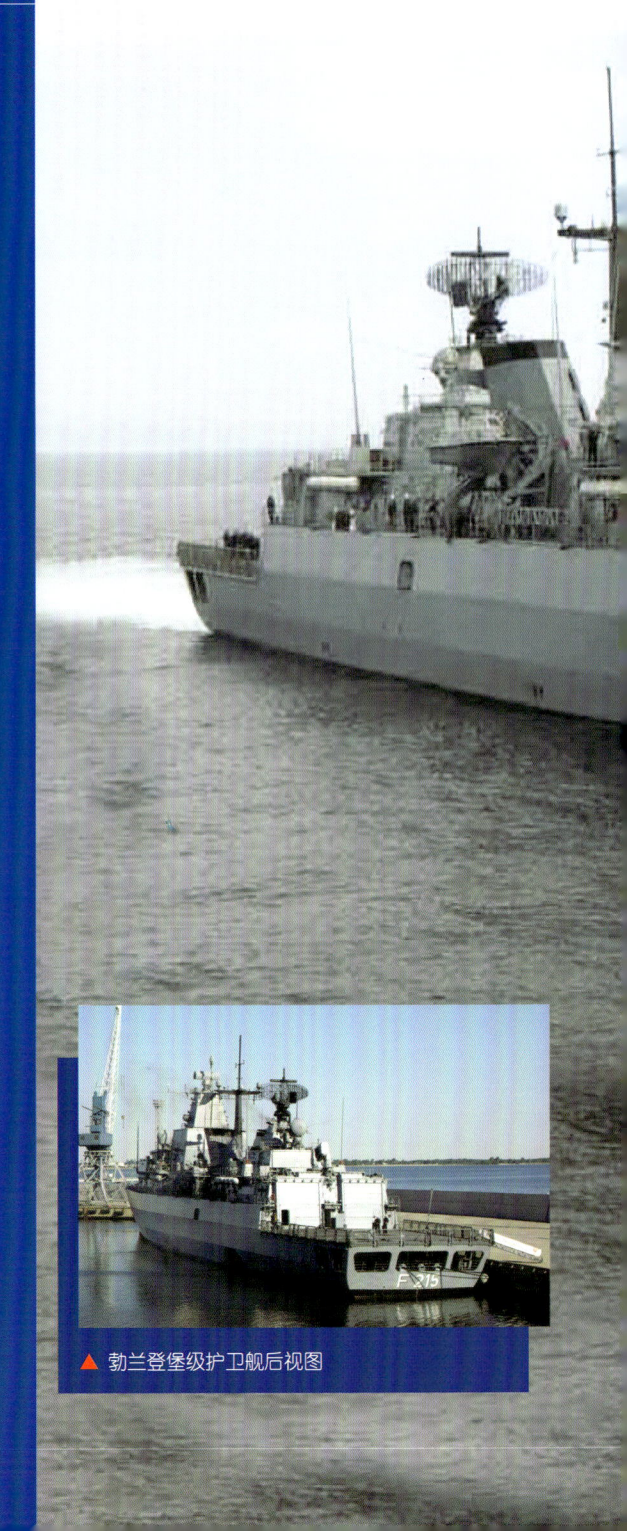

▲ 勃兰登堡级护卫舰后视图

■ 作战性能

勃兰登堡级护卫舰的配置虽然堪称简洁，但是全舰武装齐全，火力强大，尤其是防空武装堪称一流。本级舰的主要任务为反潜，另外还负责防空。它是德国海军第一种正式采用由美、德合作开发的新一代 MK-31 Block0 RAM 拉姆短程防空导弹系统的舰艇，此系统的 21 联装 MK-49 发射器使用 AAA 规格的基座。RAM 是全世界第一种专业的短程反舰导弹，接战作业为全自动，性能极佳，可有效应对迂回航行的超音速掠海反舰导弹，MK-49 发射系统虽然体积小、重量轻，但是备弹量大，能有效应对饱和攻击。另外，在舰体设计方面，它采用了较高且完全没有弧度的船舷，不仅可以强化耐波力、减少舰艇甲板上浪，还增加了舰艇内部的可用空间，适航性远优于干舷低矮、上层结构高耸的老旧汉堡级驱逐舰。

▲ 勃兰登堡级护卫舰侧视图

知识链接 >>

勃兰登堡是德国东北部的一个州，为东德的一部分。该州首府和人口最多的城市是波茨坦。勃兰登堡州环绕德国首都柏林，与其共同构成了拥有约 600 万人口的柏林-勃兰登堡都市圈。勃兰登堡州超过三分之一的面积被自然保护区、森林、湖泊和其他水域覆盖。

SACHSEN-CLASS
萨克森级护卫舰（德国）

■ 简要介绍

萨克森级护卫舰，亦以计划名称为 F-124 型，是德国联邦国防军海军隶下的多用途防空护卫舰。本级舰起源自三国共同护卫舰计划，旨在替代北约失败的 NHF-90 新世代舰艇建造计划。它是迎合海上作战发展形势建造的最新型护卫舰，装备性能一流的 APAR 主动相控阵雷达，防空作战性能突出，充分采用先进的计算机控制技术，可以称为数字化战舰。它是德国海军最大的水面舰艇，也是德国海军第一艘采用模块化设计的舰艇。

■ 研制历程

萨克森级护卫舰被德国海军用来取代 20 世纪 60 年代向美国购买的 3 艘吕特延斯级驱逐舰。它的研制由德国护卫舰联盟承建，基本上就是先前 F-123 护卫舰的设计建造班底，由勃姆沃斯造船厂主导。

首舰"萨克森"号于 1999 年 2 月 1 日开始安放龙骨，2002 年 11 月 29 日移交德国海军展开测试。二号舰"汉堡"号则在 2000 年 9 月 1 日开始建造，于 2004 年 12 月 13 日服役。三号舰"黑森号"于 2001 年 12 月 14 日开工，2005 年 12 月 7 日交付，2006 年 4 月 21 日成军。

基本参数	
舰长	143米
舰宽	17.4米
吃水	4.4米
排水量	4490吨（标准） 5960吨（满载）
航速	29节
续航力	4000海里/18节
舰员编制	255人
动力系统	2台LM-2500燃气涡轮 2台MTU 20V1163 TB92柴油机

▲ 舰艏拉姆防空导弹与 MK-41 垂直发射装置

■ **作战性能**

萨克森级护卫舰舰体大量使用隐身材料与涂料，对两座分别承载 APAR 与 SMART-L 雷达的塔式桅杆模块进行了隐身设计。舰上拥有先进的整合式损管监控网络，包含大量的人员界面以及损坏／故障监测分析系统，整个网络共有 7000 个监测系统遍布全舰，由作战中心实时监控，随时掌握舰上各系统状况。武装方面，共装有 4 组八联装 MK-41 垂直发射器模块，使用 SM-2 Block3A 防空导弹以及 4 枚装于一管的"改进型海麻雀"ESSM 短程防空导弹；为了担负近距离反水面以及有限度的防空，舰上还配备两挺莱茵金属的 MLG-27 27 毫米遥控机炮，此炮具有重量轻、易于安装（因无下甲板结构）等优点。

▲ 隐身设计的主桅杆

知识链接 >>

2004 年 8 月，"萨克森"号护卫舰和"七省"号护卫舰前往美国海军圣地亚哥木古角的导弹测试场，进行为期 4 个月的导弹实战演习，在一系列高强度的实战中，"萨克森"号总共发射 11 枚 ESSM，目标包括 BQM-74 靶机、BQM-34S 火蜂靶机、模拟导弹的 Beech AQM-37C 靶机以及德国空射鸬鹚-1 反舰导弹等。

BRAUNSCHWEIG-CLASS
不伦瑞克级护卫舰（德国）

■ **简要介绍**

不伦瑞克级护卫舰，亦以计划名称为 K-130 型，是德国联邦国防军海军隶下的轻型护卫舰。本级舰的主要任务为水面作战，其他还包括监视、情报收集、水雷作战、海岸防卫等。与德国海军原本的导弹艇相比，本级舰在作战能力、适航性、持续作战能力、多功能性等方面都优秀很多，能独立迎击从远洋而来并威胁沿岸的敌方舰艇，并承担日益广泛的跨国海外维和作战、航运安全维护与人道支援等任务。在舰载机方面，不伦瑞克级护卫舰是世界上第一种在原始设计阶段就专门配合操作 UAV 的水面舰艇。

■ **研制历程**

德国国防部在 1995 年 9 月正式批准 K-130 轻型护卫舰计划。K-130 型将全面取代德国海军原有的 148 型、143 型等导弹快艇。

ARGE 集团由德国多家主要造船厂商组成。2001 年 12 月，德国国防部与 ARGE 集团签约，建造第一批 5 艘 K-130 型轻型护卫舰。

首舰"不伦瑞克"号于 2004 年 12 月 3 日在勃姆沃斯造船厂开始安放龙骨。头两艘本级舰分别在 2006 年 4 月、9 月下水。

基本参数

舰长	88.3 米
舰宽	13.23 米
吃水	3.4 米
排水量	1580 吨（标准） 1662 吨（满载）
航速	26 节
舰员编制	228 人
动力系统	2 台 MTU 柴油机

▲ 不伦瑞克级护卫舰俯视图，可以看到 76 毫米舰炮与机库上方各一的 MK-49 21 联装拉姆（RAM）短程防空导弹

■ 作战性能

舰载武装包括舰艏的一门奥托·梅莱拉76毫米舰炮、B炮位与机库上方各一的MK-49 21联装拉姆（RAM）短程防空导弹、两门MLG-27自动化多用途机炮、两组半埋于舰体中段的瑞典制RBS-15 Mk.3双联装反舰导弹发射器，其中76毫米舰炮与RAM导弹发射器安装于武器模块基座上。此外，舰艉还可加装4具水雷施放轨。反潜方面，不伦瑞克级配备舰艏主/被动声呐以及拖曳阵列声呐，未来还将加装硬杀式反鱼雷自卫系统，并与舰上所有声呐整合，形成一套完整的自动化鱼雷反制系统。研发中的反鱼雷系统将占用直升机库上的武器模块基座，该基座现安装RAM导弹发射器。

知识链接 >>

拉姆舰空导弹是由美国和德国联合研发的项目，拉姆导弹系统是为水面舰艇提供高效率、低成本、轻量化的自卫系统，用于补充火力空白。它是一种可以不依靠外部信息系统，独立的反导系统，大大增强了目前舰艇对抗反舰巡航导弹的能力，增强了军舰的生命力，结合了导弹的高精度和高炮的灵活性等优点。

MEKO 200-CLASS
MEKO 200 级护卫舰（德国）

■ 简要介绍

MEKO 200 是 MEKO 系列的第二代成员，也是 MEKO 系列中最畅销的型号，目前葡萄牙、土耳其、希腊、澳大利亚与新西兰等 5 国海军都装备有该型护卫舰。由于各采购国需求不同，所以排水量从 2800 吨～3600 吨不等，舰用系统、武器装备等也有较大差异。该型舰大约有 5 个武器模块基座、15 个电子设备模块基座与 8 个栅座，北约国家通用的舰炮、近防武器系统、防空反舰导弹、雷达等系统都可选择。MEKO 200 级护卫舰根据使用国家的不同，衍生有不同的亚型。该级舰在土耳其、葡萄牙、澳大利亚、希腊、新西兰均有装备。

■ 研制历程

土耳其于 20 世纪 80 年代初从德国订购了 4 艘 MEKO 200 型护卫舰，称为亚维兹级，德国称为 MEKO 200TN 型。由布洛姆－福斯集团和霍瓦兹－德意志船厂建造。首舰"亚维兹"号于 1985 年 5 月 30 日动工，1985 年 11 月 7 日下水，1987 年 7 月 17 日服役；4 号舰"闪电"号于 1987 年 4 月 24 日动工，1988 年 7 月 22 日下水，1989 年 11 月 17 日服役。

葡萄牙在 1986 年 7 月与德国签约，采购 3 艘 MEKO 200PN 护卫舰。首舰"达·伽玛"号由布洛姆－福斯集团承造，1989 年 2 月 1 日开工，1991 年 1 月 18 日服役；三号舰"柯尔特·雷尔"号 1991 年 11 月 22 日服役。

基本参数	
舰长	118 米
舰宽	14.8 米
排水量	3600 吨（满载）
航速	27 节
续航力	5214 海里 / 18 节

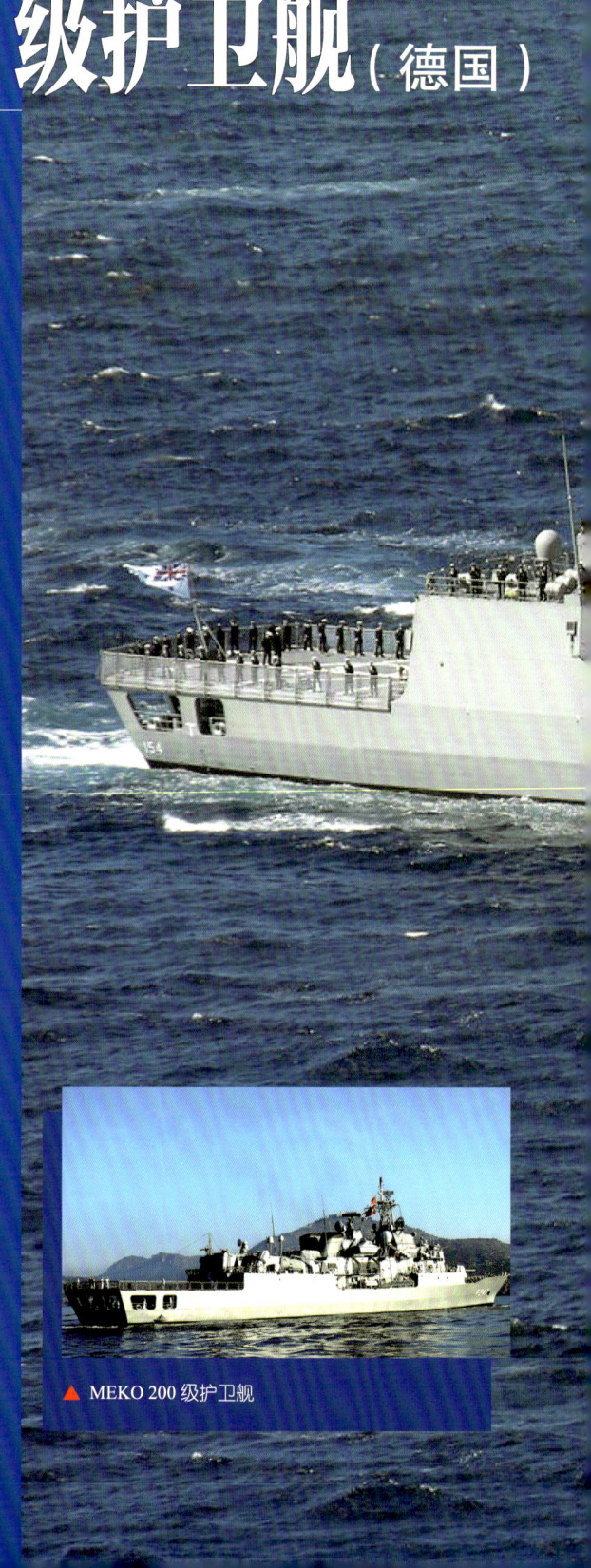

▲ MEKO 200 级护卫舰

■ **作战性能**

　　MEKO 200级护卫舰采用高舰艏；舰炮安装在A位置；高大的平板式上层建筑由舰桥延伸至飞行甲板；框架式主桅位于舰桥后缘；希腊、土耳其和葡萄牙海军装备的该级舰上的"鱼叉"反舰导弹发射装置紧靠主桅后方，澳大利亚和新西兰海军装备的该级舰上无此装备；双烟囱并排配置在舰舯部吊艇柱附近，向外倾斜；希腊、新西兰和葡萄牙海军装备的该级舰上的近程防御系统位于机库顶部后缘。土耳其海军装备的是"海天顶"/"海防"近程防御系统；土耳其海军"亚伍兹"级舰在主桅前方安装有突出的WM25火控雷达整流罩；飞行甲板位于舰艉，开放式后甲板位于较下方位置。

知识链接 >>

　　"MEKO"的意思是"多用途组合"。"MEKO"造舰概念最早是由布洛姆－福斯集团建造工程部的首席设计师卡尔·奥托·萨德勒于20世纪70年代初提出的，其核心技术特点是标准化、模块化和通用化。

▲ 澳大利亚安扎克级巡防舰（MEKO 200 ANZAC）

ABUKUMA-CLASS
阿武隈级护卫舰（日本）

■ 简要介绍

阿武隈级护卫舰是日本海上自卫队隶下的一型护卫舰，以护航驱逐舰（DE）编列。该级舰只计划用于取代早期五十铃级护卫舰，并作为筑后级护卫舰和夕张级护卫舰的继任者，强调反潜作战能力，相较于以往日本海上自卫队护卫舰仅有1000多吨，体型较大的阿武隈级拥有更好耐波力、续航力、乘员适居性，并配备更齐全的武装。就外观而言，阿武隈级堪称朝雾级驱逐舰的缩小版，与之前的护卫舰相比有不小的进步。

◀ 舰艉反舰导弹与密集阵近防系统

■ 研制历程

日本海上自卫队在20世纪80年代初期推出夕张级护卫舰并不是成功的设计，仅少量建造了3艘，所以在80年代，日本继续研制阿武隈级护卫舰。

设计从1986年展开，首舰于1988年3月开工，同年12月下水，1989年12月进入服役。阿武隈级继续沿用日本海上自卫队用于护卫舰上的河川名。阿武隈级总共建造了6艘。

基本参数

舰长	109米
舰宽	13.4米
吃水	3.8米
排水量	2000吨（标准） 2900吨（满载）
航速	27节
续航力	3000海里/20节
舰员编制	120人
动力系统	2台SM-1A燃气涡轮机 2台三菱S-12UMTK柴油机

■ 作战性能

阿武隈级护卫舰的火力十分强大，反舰与反潜火力已经超过一些国家的驱逐舰。反水面方面，阿武隈级的舰艏装有一门奥托·梅莱拉76毫米舰炮，二号烟囱后方则装有两组四联装AGM-84"鱼叉"反舰导弹或日本90式反舰导弹发射器。反潜方面，阿武隈级两烟囱之间装

有一具仿自美国 MK-112 的 74 式八联装"阿斯洛克"反潜导弹发射器，后方结构物两侧则各有一组模仿美国 MK-32 的 68 式 324 毫米鱼雷发射器。防空自卫方面，阿武隈级的舰艉设有一座 MK-15 CIWS，升级版换装一套美制 MK-49 21 联装"拉姆"短程防空导弹系统，能进一步提高自卫能力。

知识链接 >>

五十铃级护卫舰是由三井集团、三菱重工、日立造船和石川岛播磨重工分别为日本海上自卫队建造的反潜护卫舰。为了全面替换美国租借给日本的护航舰艇，日本海上自卫队在 1959—1961 年陆续编列建造了 4 艘五十铃级护卫舰。而从五十铃级开始，海上自卫队护航护卫舰就改用河川名。

TAKATSUKI-CLASS
高月级护卫舰（日本）

■ 简要介绍

高月级护卫舰是日本海上自卫队继初代村雨级护卫舰（1959年）之后，在第二次防卫力整备计划（二次防）中编列建造的第二代通用护卫舰（DDA），是初雪级护卫舰的前型。它在强调反潜作战的前提下整合防空与反舰能力，是一款多用途护卫舰。1970年，高月级首舰"高月"号在石川岛播磨重工东京厂进行维修定保工程时，顺便加装了日本海上自卫队从美国新引进、刚完成陆地测试的NYYA-1型战斗系统，成为日本海上自卫队第一艘引进自动化电脑战斗资料处理系统的舰艇。

■ 研制历程

不同于20世纪60年代建造的峰云级、天津风级，高月级的上层结构设计逐渐摆脱了二战时代的风格，其中最具特色的就是两具烟囱/桅杆复合结构，与美国海军在20世纪60年代建造的莱希级巡洋舰、贝尔纳普级巡洋舰类似。

高月级护卫舰共建4艘，分别为首舰"高月"号、2号舰"菊月"号、3号舰"望月"号和4号舰"花月"号。

基本参数

舰长	136米
舰宽	13.4米
吃水	4.5米
排水量	3050吨（标准） 4672吨（满载）
航速	31节
续航力	7000海里/20节
舰员编制	260人
动力系统	2座三菱/西屋蒸汽锅炉 2台蒸汽涡轮机

▲ 164舰"高月"号

■ **作战性能**

高月级护卫舰服役之初的武装包括美国授权日本生产的 74 式 MK-112 "阿斯洛克" 八联装反潜火箭发射器、瑞典 Bofors 授权日本生产的四联装 71 式 375 毫米反潜刺猬炮以及两具三联装 324 毫米 68 式鱼雷发射器。舰炮方面，由于要负担较重的反水面任务，遂安装两门美制 MK-42 127 毫米 54 倍径舰炮（艏艉各一），而非山云级、峰云级等反潜护卫舰的 76 毫米舰炮。因此高月级成为首艘配备 MK-42 舰炮的海上自卫队舰艇。这两门 MK-42 主炮各有一套美国 GE 的 MK-56 舰炮射控系统或者日本国产化的 GFCS-1 导控，每套射控系统包含一部 MK-53 射控雷达。

知识链接 >>

20 世纪 80 年代，"高月"号与"菊月"号陆续进行现代化改装，增加许多新装备，不仅强化其反潜侦搜能力，更使其首度拥有视距外反舰能力与有效的点防空自卫能力。"望月"号于 1995 年 4 月 1 日转为特务舰，舷号改为 ASU-7019，1999 年除役。"花月"号则于 1996 年除役。

▲ 167 舰"花月"号

LUPO-CLASS
狼级护卫舰（意大利）

■ 简要介绍

狼级护卫舰是意大利纳瓦利里尼蒂（CNR）公司为意大利设计的多用途护卫舰，注重于反舰作战任务。它的火炮堪称凶悍，配备的导弹也极为强悍。反舰导弹是意大利国产的奥托马特反舰导弹，这款飞行速度0.9马赫，射程160千米，在20世纪七八十年代绝对是很多水面舰艇的噩梦。

■ 研制历程

20世纪60年代，苏联海军频繁出现在地中海，经济严重依赖地中海的意大利开始紧张起来。于是，意大利根据自身面对的威胁，以及在北约承担的任务，从20世纪60年代开始，自行研制建造了一批性能先进的舰艇，狼级护卫舰便是此时的产物。

意大利将首批狼级护卫舰的建造任务交给了芬坎蒂尼公司的前身——联合造船厂，前三艘在特里戈索河船厂，最后一艘在穆吉亚诺船厂。首舰"狼"号在1974年10月开工，1977年9月服役。第4艘"熊"号则是1980年3月完工服役，该舰2000年前后退役，转手给了秘鲁海军。

基本参数	
舰长	113.2米
舰宽	11.3米
吃水	3.7米
排水量	2506吨（标准） 2986吨（满载）
航速	35节
续航力	4300海里/16节
舰员编制	185人
动力系统	2台GE/Fiat LM2500燃气轮机 2台GMT A230-20柴油轮机

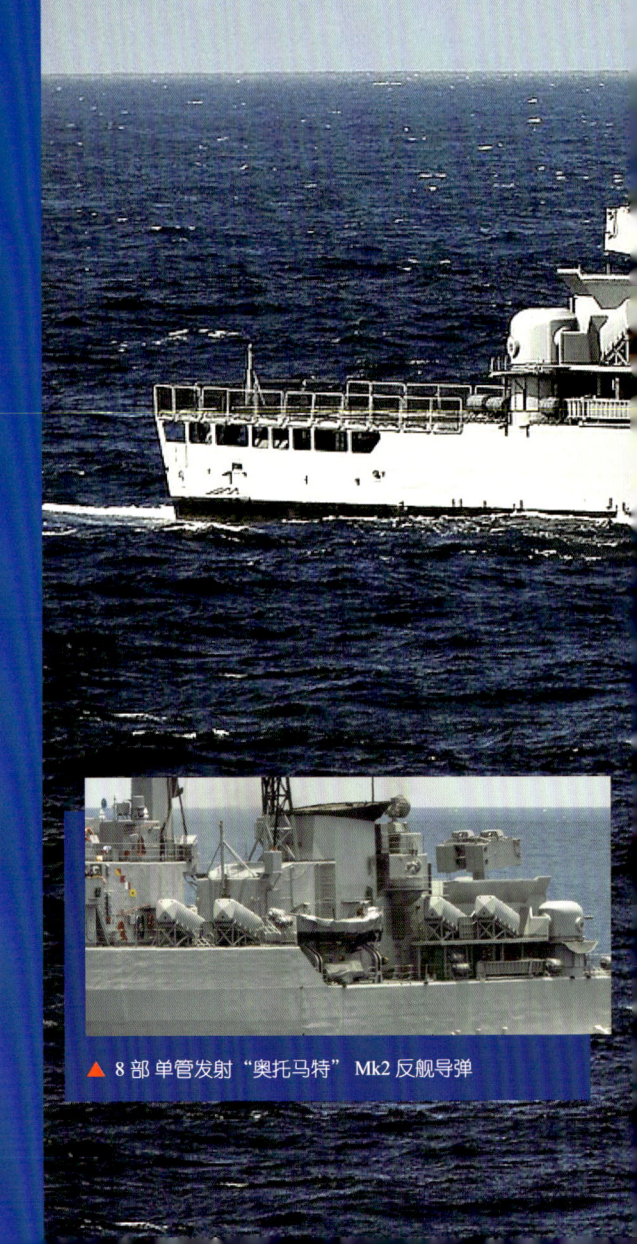

▲ 8部单管发射"奥托马特"Mk2反舰导弹

■ **作战性能**

狼级护卫舰配备1座"海麻雀"MK-29舰空导弹发射架,最初装配的"海麻雀"导弹在意大利研制的"蝮蛇"导弹服役后,后续建造的舰艇就开始替换。反潜方面,它配有两座三联装反潜鱼雷发射器,最初发射的是美制MK44或MK46反潜鱼雷。后来,意大利根据这两型鱼雷仿制出A244鱼雷,后续各舰开始装配该鱼雷。同时,狼级配备了一架AB212ASW舰载直升机,虽然该机属于轻型直升机,不过在该机两侧依然可以装载两枚MK-46轻型鱼雷。当然狼级还装配一种特殊的武器——"斯克拉尔"105毫米20管火箭发射器。

▲ MK-29八联装RIM-7"海麻雀"防空导弹

知识链接 >>

狼级护卫舰不仅得到了意大利海军的认可,也获得了来自南美国家秘鲁和委内瑞拉的订单,甚至萨达姆统治下的伊拉克也订购了4艘狼级护卫舰。狼级先后获得了20艘订单,意大利4艘,秘鲁6艘(后取消2艘),委内瑞拉6艘,伊拉克4艘。意大利本国后来又装备了升级版索尔达蒂级。意大利共服役4艘狼级和4艘索尔达蒂级,目前只有2艘索尔达蒂级在役。

MAESTRALE-CLASS
西北风级护卫舰（意大利）

■ 简要介绍

西北风级护卫舰是意大利海军于20世纪80年代建造的以反潜为主的多用途护卫舰。它在设计上基本可以视为其前级狼级护卫舰的放大版，不仅将舰体尺寸、排水量放大以增加适航性，侦测能力、电子系统以及反潜能力也已经强化。因此，西北风级不仅跟狼级一样能担负反水面任务，也能执行反潜作战。

■ 研制历程

20世纪70年代初，意大利海军参谋部认为狼级护卫舰的对海作战性能优秀，但是反潜能力仍然欠缺。因此，意大利海军一边建造狼级护卫舰，一边开始设计狼级的放大型护卫舰，重点是使新舰的反潜能力达到最佳。

西北风级护卫舰设计以狼级为基础，增大了主尺度，直升机由1架增加到2架，并增加变深声呐和2部A-184线导鱼雷发射管。在增加这些系统的同时，把奥图玛反舰导弹从8枚减为4枚。

1975年，意大利海军参谋部批准这级反潜护卫舰的设计。首舰1978年3月开工，1981年2月下水，1982年3月完工服役。

基本参数	
舰长	122.73米
舰宽	12.9米
吃水	4.2米
排水量	2800吨（标准） 3200吨（满载）
航速	33节（燃气涡轮） 21节（柴油机）
续航力	6000海里/15节
舰员编制	232人
动力系统	2台LM-2500燃气涡轮 2台GMT BL-230-20 DVM柴油机

▲ 舰艉装有双联装提西欧反舰导弹发射器和八联装信天翁Mk.2防空导弹

■ 作战性能

西北风级护卫舰的舰体构型相当合理，改善了适航性以及高速性能。西北风级沿用与狼级同系列的 SACDO-2/IPN-20 作战系统，拥有两组高速电脑组成的主处理系统。西北风级的雷达系统大多与狼级相同，但是声呐系统则为更先进完备的 DE-1164 中频声呐系统，反潜侦搜能力大幅强化。本级舰的防空能力与狼级相若，都拥有一部短程防空导弹发射装置以及两座达多双联装 40 毫米近迫机炮，但西北风级的防空导弹换成意大利自制的信天翁发射器，搭配同为意大利制的蝮蛇短程防空导弹。反潜火力，西北风级则较狼级强化不少，除了两部三联装 Mk32 型水面船舰鱼雷管之外，另增两部 533 毫米 B-516 重型鱼雷发射器。此外，较狼级多搭载一架反潜直升机。

知识链接 >>

西北风级采用了柴油发动机，柴油发动机是燃烧柴油来获取能量释放的发动机。它由德国发明家鲁道夫·狄塞尔于 1892 年发明。为了纪念这位发明家，柴油就是使用他的姓。柴油发动机的优点是扭矩大、经济性能好，但柴油机因为压力大，要求各有关零件具有较高的结构强度和刚度，所以柴油机比较笨重，体积较大。

▲ 舰艏装有奥托·梅莱拉 127 毫米 54 倍径舰炮和八联装信天翁 Mk.2 防空导弹

KAREL DOORMAN-CLASS
卡雷尔·道尔曼级护卫舰（荷兰）

■ 简要介绍

卡雷尔·道尔曼级护卫舰是荷兰建造的一级多用途护卫舰。该级护卫舰装备有舰对舰导弹、防空导弹、反潜鱼雷以及1架反潜直升机，是名副其实的多用途战舰。该级战舰在设计时注意降低雷达截面积和红外信号，拥有广泛的核生化防护措施，能够在核生化污染区执行作战任务。

■ 研制历程

1984年2月29日，荷兰官方公布了建造卡雷尔·道尔曼级护卫舰的意向。1985年6月29日签订了建造合同，而此时业已完成了设计工作。1986年4月10日又签订了建造另外4艘舰的合同，最终该级舰共建8艘。

1992年1月至1994年中期，荷兰海军对卡雷尔·道尔曼级护卫舰进行了一系列的现代化改进。1993年，1部"艾尔斯坎"红外探测器安装在"威廉·范·德·赞恩"号用于试验，后来逐渐扩展到该级所有护卫舰。1998年，该级护卫舰进行安装4部主动拖曳式阵列声呐的试验。

基本参数	
舰长	122.3米
舰宽	14.4米
吃水	4.3米
排水量	3320吨（满载）
航速	30节（燃气轮机） 21节（柴油机）
续航力	5000海里/18节
舰员编制	156人
动力系统	2台"斯贝"SM1C燃气轮机 2台斯托克·瓦特西拉12SW280柴油机

▲ 奥托·梅莱拉76毫米舰炮

■ 作战性能

卡雷尔·道尔曼级护卫舰上装备的导弹有：反舰导弹"鱼叉"舰对舰导弹发射装置，主动雷达寻的制导，飞行速度 0.9 马赫，射程 130 千米，战斗部重 227 千克。防空导弹"海麻雀"MK48 舰对空导弹垂直发射装置，半主动雷达寻的制导，飞行速度 2.5 马赫，对空射程 14.6 千米，战斗部重 39 千克，共载 16 枚导弹。舰炮主要有：1 门"奥托·梅莱拉"76 毫米紧凑型 MK100 炮，射速 100 发/分，对舰（岸）射程 16 千米，对空射程 12 千米，弹重 6 千克，该炮是最新型的舰炮，提高了射速。1 座荷兰电信公司的 SGE30 "守门员"近程防御武器系统，其 7 管 30 毫米炮是通用电气公司制造的。

▲ AGM-84 "鱼叉"反舰导弹

知识链接 >>

卡雷尔·道尔曼级护卫舰上使用了燃气轮机，燃气轮机是以连续流动的气体为工质带动叶轮高速旋转，将燃料的能量转变为有用功的内燃式动力机械，是一种旋转叶轮式热力发动机。燃气轮机结构简单，具有体积小、重量轻、启动快、少用或不用冷却水等一系列优点。缺点是运转时发动机内温度持续很高，对材料抗高温和耐久性是巨大考验。

DE ZEVEN PROVINCIEN-CLASS
七省级护卫舰（荷兰）

■ 简要介绍

七省级护卫舰是以荷兰独立之初全国的七个省份来命名的，是荷兰皇家海军现役主力防空与指挥舰艇。本级舰和德国萨克森级护卫舰研发于德国—荷兰—西班牙三国共同护卫舰计划。它用来取代荷兰皇家海军20世纪70年代中期服役的两艘特隆普级护卫舰和在1986年服役的两艘希姆斯科级导弹护卫舰。

■ 研制历程

1990年，德国、荷兰签署了一项新一代护卫舰共同开发协议。1994年年初西班牙加入进来，而此护卫舰计划也随之改名为三国共同护卫舰计划。

荷兰皇家海军早在1993年12月15日便与皇家须尔德造船厂签订七省级护卫舰的建造合约，其细部设计则在1995年至1997年进行。荷兰皇家海军最初只打算采购2艘，但在1995年6月3日正式签约时增加至4艘。

首舰"七省"号1998年开工建造，2000年4月8日下水，2002年4月26日交付荷兰海军展开一系列测试，2004年4月正式进入荷兰海军服役并担负战备；而其余3艘七省级护卫舰则分别在2003年3月、2004年4月与2005年6月交舰。

基本参数	
舰长	144.2米
舰宽	18.8米
吃水	5.2米
排水量	6048吨（满载）
航速	28节
续航力	5000海里/18节
舰员编制	204人
动力系统	2台斯佩SM-1C燃气涡轮 2台瓦锡兰鹳16V6ST柴油机

▲ "标准"SM-2防空导弹发射

■ 作战性能

七省级护卫舰采用隐身外形设计，舰艏A炮位安装一门意大利奥托·梅莱拉生产的127毫米54倍径舰炮，射速45发/分，配备3个容量各22发的弹鼓。4艘七省级护卫舰中，前两艘使用部族级的旧127毫米舰炮，后两艘则使用新造的炮。127毫米舰炮后方的B炮位最多能装置6组八联装MK-41 VLS垂直发射模块，现只安装5组，共40管；其中32管装填"标准"SM-2区域防空导弹；另外8管装填"改进型海麻雀"ESSM，每管装填4枚，共32枚。

知识链接 >>

七省级护卫舰的舰体设计应用到荷兰鹿特丹船坞公司为建造油轮开发的新技术，许多舰体建造工作与设备采用商规标准，比起依照以往海军军用规范所建造的同样吨位舰艇，可节省至少30%的建造时间与50%左右的舰体施工费用，并直接利用民用船台建造，省去不少额外开销。

▲ 30毫米"守门员"近防武器系统

SIGMA-CLASS
西格玛级护卫舰（荷兰）

■ 简要介绍

西格玛级护卫舰是荷兰皇家斯海尔德造船厂在21世纪初期推出的模块化外销护卫舰。有多种不同的配置，上到装备SEASTAR有源相控阵雷达的3000吨级区域防空舰，下到700吨级34节航速的快速攻击舰。为不同的客户需求制订许多不同的几何参数规范，涵盖范围包括舰体设计、布局、动力选择以及装备配置等，能满足多种任务需求与弹性，仍在向全世界推销。已有印度尼西亚、摩洛哥、越南等国正式签约订购该型护卫舰。

■ 研制历程

2002年，荷兰皇家斯海尔德造船厂拓展外销市场，依照荷兰皇家斯海尔德厂专利的整合式模块化船舰几何法则（SIGMA）规划。SIGMA是斯海尔德厂历年承造民间与军事船舰所累积的宝贵结晶，运用此法则规划的第一种外销舰艇是斯海尔德厂稍早推出的坚持者系列两栖登陆舰。

目前，荷兰皇家斯海尔德造船厂已经获得多个订单，印尼签约6艘，摩洛哥签约3艘，越南签约2艘。印尼版以首舰称之为迪波尼哥罗级，摩洛哥版以首舰称之为苏丹穆莱伊斯梅尔级。

基本参数

舰长	90.71米
舰宽	13.02米
吃水	3.6米
排水量	1620吨（满载）
航速	28节
舰员编制	80人
动力系统	复合柴油机与柴油机（CODAD）主机为2台SEMT皮尔斯蒂克20PA6B STC柴油机

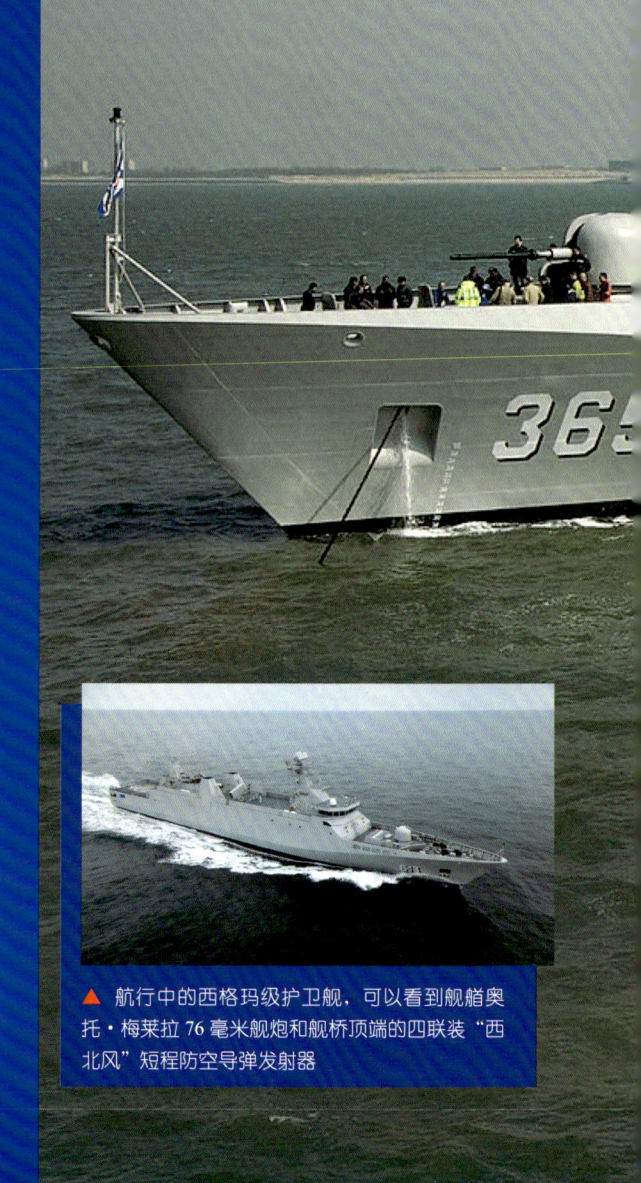

▲ 航行中的西格玛级护卫舰，可以看到舰艏奥托·梅莱拉76毫米舰炮和舰桥顶端的四联装"西北风"短程防空导弹发射器

■ 作战性能

西格玛级系列护卫舰的设计特征包括简洁的整体布局、极高的内部配置、视野极佳且经过按人体工学考虑的全景式舰桥配置、经过最佳抗浪设计的舰艏、良好的舰体稳定设计、降低雷达截面积／红外线讯号／噪音振动（含主机弹性基座）／磁讯号在内的设计、良好的舰体水密舱区规划、良好的全舰抗爆震能力、完整的核生化防护能力与消防损管能力、关键系统采用重复配置并分散设置、舰体设计能承受80节～100节速度的强大横风、保证两舱进水不会沉没等。

▲ 西格玛级护卫舰后视图，可以看到四联装"西北风"短程防空导弹发射器

知识链接 >>

2004年7月，印度尼西亚与荷兰皇家斯海尔德厂签订合约，建造首批2艘新型护卫舰。2006年1月，印度尼西亚又续购2艘此级舰。3号舰与4号舰于2006年4月3日切割第一块钢板，2006年5月8日安放龙骨，并分别于2008年10月18日、2009年3月7日成军。此型舰的成本为每艘1.9亿美元。

ALVARO DE BAZAN-CLASS
阿尔瓦罗·巴赞级护卫舰（西班牙）

■ 简要介绍

阿尔瓦罗·巴赞级护卫舰，或以项目名称之为F-100型护卫舰，是西班牙海军隶下搭载美制宙斯盾水面战斗系统的防空导弹护卫舰。本级舰是继美国提康德罗加级巡洋舰、阿利·伯克级驱逐舰以及日本金刚级驱逐舰之后，全球第4种配备宙斯盾系统的军舰；世界上第一种安装宙斯盾系统的护卫舰。本级舰可作为舰队防空中枢和特遣舰队的旗舰，运用舰上先进的指管通情系统成为海上舰队防空、反潜作战的信息整合与指挥平台，成为西班牙海军舰队的中流砥柱。

■ 研制历程

1995年，西班牙认为本国在三国共同护卫舰计划（TFC）的核心——舰载防空系统研发中分到的工作量太少，加上APAR主动相控阵雷达、战斗系统等都要全新研发，风险与成本实在太大，西班牙IZAR公司遂于1995年6月退出TFC计划。

阿尔瓦罗·巴赞虽然继续进行，但是改采美制宙斯盾作战系统的外销衍生型——以宙斯盾Baseline5.3为基础发展的分海军先进分散式战斗系统（DANCS）。为了容纳宙斯盾系统以及巨大的SPY-1D雷达系统，造船厂在美国洛克西德·马丁公司的协助下对阿尔瓦罗·巴赞的舰体设计进行重大修改，长度与宽度都得到增加。

基本参数	
舰长	146.7米
舰宽	18.6米
吃水	4.9米
排水量	6400吨（满载）
航速	28节
续航力	4500海里/18节
舰员编制	229人
动力系统	2台LM-2500燃气涡轮 2台Bazan-Caterpillar 3600柴油机

▲ AN/SPY-1D 相控阵雷达

■ **作战性能**

西班牙海军最新服役的阿尔瓦罗·巴赞级护卫舰最核心的一点就是有很强的区域防空作战能力，主要得益于美制宙斯盾系统的强大威力。西班牙海军声称，该级舰的造价仅为美国的阿利·伯克级驱逐舰的一半，却拥有与其"几乎完全相同"的能力。该舰的基本设计经过隐身考虑，舰体表面采用倾斜造型并避免尖锐棱角以降低RCS。还整合了许多西班牙选择的系统，包括美国雷神的DE-1160LF舰艏声呐、西班牙国产的DORNA复合式雷达/光电舰炮火控系统、DLT-309反潜火控系统、西班牙自制的电战装备等。

▲ 炮塔后方的 MK-41 垂直发射系统

知识链接 >>

1999年，西班牙IZAR公司、美国通用动力公司旗下的BIW造船厂、洛克希德·马丁公司签约，共同组成先进护卫舰销售联盟，主要业务是整合宙斯盾作战系统与武器系统，并开发一系列衍生的先进护卫舰，而为挪威建造的南森级护卫舰便是这个销售计划的头一个产物。

SILESIA-CLASS
西里西亚级护卫舰（波兰）

■ 简要介绍

西里西亚级护卫舰隶属波兰海军。原是波兰海军旗下的一型多用途轻型护卫舰。但是因为种种原因，原定7艘的"加夫龙"护卫舰工程仅仅只建造了"西里西亚"号一艘。而"西里西亚"号这个建造了16年还没有完成的"独苗"，还被硬生生地"砍"成了巡逻舰。该级舰项目的拖延和终止也让这款性能较好的轻型护卫舰变成了波兰军工史上的痛处。

■ 研制历程

波兰自1999年与捷克、匈牙利一起加入北约后，开始向西方国家采购战舰，倾力打造北约标准的未来舰队。2000年至2002年，波兰海军从美国海军采购到两艘退役的佩里级导弹护卫舰，2002年从瑞典采购3艘科本级潜艇，并计划以德国"梅科"技术建造7艘西里西亚级轻型护卫舰。

西里西亚级轻型护卫舰是以德国"梅科"A-100轻型护卫舰为原型设计，由格丁尼亚海军船厂建造，是典型的多功能轻型护卫舰。首舰命名时确定以波兰省份的名称来命名，为"西里西亚"号，2号舰命名为"库加威阿克"号。但是最终只建造了"西里西亚"号一艘。

基本参数

舰长	95米
舰宽	13米
吃水	3.6米
排水量	2035吨（满载）
航速	30节
舰员编制	93人
动力系统	1台通用电气公司LM-2500型燃气涡轮发动机 2台MTU-16V-1163-TB-93型柴油发动机

▲ 舰艏76毫米主炮

■ **作战性能**

西里西亚级护卫舰装备一套荷兰英泰公司与格丁尼亚海军船厂联合研制的综合平台管理系统，可监视和控制舰载机械设备，包括动力系统、电力输送系统、战斗损管系统及其他辅助系统，大大提升舰船的自动化程度、作战效率和生存能力。在武器配备方面，装备1门奥托·梅莱拉76毫米62倍口径超高射速主舰炮，可灵活地打击飞机、导弹和其他水面舰船。防空武器是舰艉上层甲板装备的1座8单元MK-41垂直发射系统，备32枚RIM-162"改进型海麻雀"中程防空导弹，可打击空中威胁，如低空飞行的固定翼飞机、直升机和各种来袭反舰导弹等。

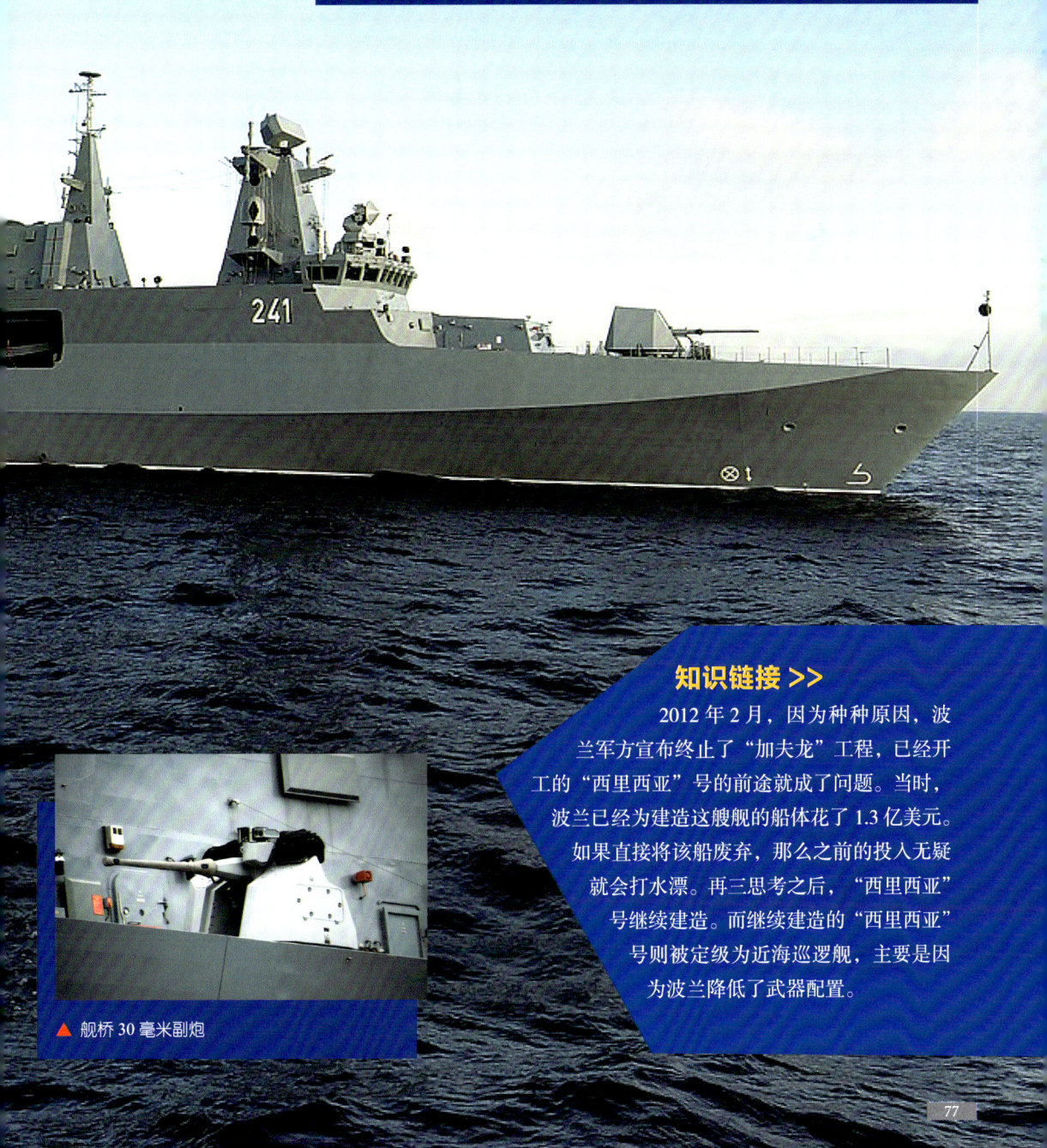

▲ 舰桥30毫米副炮

知识链接 >>

2012年2月，因为种种原因，波兰军方宣布终止了"加夫龙"工程，已经开工的"西里西亚"号的前途就成了问题。当时，波兰已经为建造这艘舰的船体花了1.3亿美元。如果直接将该船废弃，那么之前的投入无疑就会打水漂。再三思考之后，"西里西亚"号继续建造。而继续建造的"西里西亚"号则被定级为近海巡逻舰，主要是因为波兰降低了武器配置。

IVER HUITFELDT-CLASS
伊万·休特菲尔德级护卫舰（丹麦）

■ 简要介绍

伊万·休特菲尔德级护卫舰，或以计划名称称之为SF-3500 AAW型护卫舰，是丹麦皇家海军隶下的大型防空护卫舰。相较于欧洲其他国家近年新造的几种先进防空作战舰艇，伊万·休特菲尔德级由于使用低廉的舰体设计和成熟的技术装备，整体造价低于几种欧洲代表性的中型防空战舰，但舰载武器装备和电子设备毫不逊色，以优异的性价比深得丹麦皇家海军的称赞。

■ 研制历程

丹麦扼守波罗的海的出海口，战略位置重要。丹麦海军在20世纪90年代提出建造阿布萨隆级支援舰，并继续在阿布萨隆级的基础上研制一型新锐防空护卫舰。

2006年12月19日，丹麦军方与泰雷兹荷兰分公司签约，购买三套AAW，配备于三艘新防空护卫舰。三艘本级舰的船段，将由奥登斯钢铁船厂所属的立陶宛巴尔基亚造船厂和爱沙尼亚洛克萨造船厂分别承造，完成后，由4艘驳船穿越波罗的海运至奥登斯钢铁船厂完成组装。

首舰"伊万·休特菲尔德"号于2008年6月开工，末舰"尼尔斯·朱尔"号于2009年12月开工，全部三舰均在2011年服役。

基本参数	
舰长	138.7米
舰宽	19.75米
吃水	5.3米
排水量	6645吨
航速	28节
续航力	9000海里/15节
舰员编制	156人
动力系统	4台MTU 8000 20V M70柴油机 1台舰艏推进器

▲ 4座八联装MK-41垂直发射系统

■ **作战性能**

伊万·休特菲尔德级护卫舰主要依靠荷兰泰雷兹防务的防空作战系统（AAW，以 APAR-X 波段有源相控阵雷达+SMART-L 长程电子扫瞄雷达为主构成），搭配 4 座八联装美制 MK-41 垂直发射系统（装填"标准"-2/3/6 型 32 枚）以及 2×1 两联装美制 MK-56 垂直发射系统（装填"改进型海麻雀"ESSM 型 24 枚），共有 56 个导弹装载单元。丹麦海军之所以青睐泰雷兹的 APAR 系统，主要归功于其出色的追踪能力以及在测试中优异的性能表现。

▲ 伊万·休特菲尔德级护卫舰侧视图

知识链接 >>

泰雷兹集团成立于 1968 年，该集团的主要业务大多与军事有关。在人们眼中，泰雷兹集团是个军工生产企业。但近些年来收购英国 Racal 公司后，泰雷兹集团完全改变了原有的形象，业务不断拓宽，民用业务不断增长，现在已经发展成为以设计、开发、生产航空和防御以及信息技术服务产品著称的专业电子高科技公司。

FRIDTJOF NANSEN-CLASS
南森级导弹护卫舰（挪威）

■ 简要介绍

南森导弹级护卫舰，亦称 F-310 型护卫舰，以反潜作战为主要任务，其他工作还包括保卫挪威的领海、经济海域与海洋资源，或参加国际维和与人道救援行动。它替代奥斯陆级护卫舰成为挪威海军的新主力，配备了美制宙斯盾战斗系统（外销版）与 AN/SPY-1 无源相控阵雷达，是世界上最小的宙斯盾舰。南森级排水量仅为 5000 余吨，其搭载的武器装备略显薄弱，全舰围绕宙斯盾系统在舰体规模的限制下做出许多让步，而且并不充裕的预算也使得本级舰未能发挥出全部战力，不过预留改装空间较大。

■ 研制历程

挪威皇家海军为了取代 20 世纪 90 年代陆续退役的 5 艘奥斯陆级护卫舰，在 1994 年提出了新一代护卫舰需求案，概念设计于 1997 年 3 月展开。1998 年年底，挪威海军针对此案向全球 14 家厂商发下招标书。

1999 年 3 月，总共有三个竞争团队通过第一阶段审查，一是由美国洛马、波音以及西班牙 IZAR 造船厂（后改组为纳凡蒂亚）组成的先进护卫舰销售联盟（AFCON）；二是德国 B+V 的 MEKO 200；三是挪威克瓦纳集团提议的挪威护卫舰方案。

最终的竞标结果于 2000 年 2 月揭晓，由 AFCON 联盟的方案获得胜利。AFCON 联盟以西班牙 F-100 宙斯盾护卫舰为基础，发展一系列先进护卫舰。

2000 年 6 月 23 日，挪威海军与 AFCON 签署了 5 艘南森级的建造合约，总值约 25 亿美元。5 艘舰于 2004 年到 2011 年间陆续服役。

基本参数	
舰长	132米
舰宽	16.8米
吃水	4.9米
排水量	4100吨（标准） 5290吨（满载）
航速	27节
舰员编制	120人
动力系统	1台LM-2500燃气涡轮 2台Izar Bravo 12V柴油机

■ **作战性能**

南森级导弹护卫舰在设计上放弃宙斯盾战斗系统的防空优势，以反潜战为主要作战方向，首舰装备两组八联装 MK-41 垂直发射系统，其余舰只安装一组，暂只装填 ESSM 防空导弹。舰体布局与西班牙新一代的阿尔瓦罗·巴赞级护卫舰相似，不过不具备区域防空能力，故南森级可被视为 F-100 的简化版。南森级采用模块化技术建造，全舰共由 24 个模块构成，分为 13 个水密隔舱，舰体（不含上层结构）有 5 层甲板。南森级的舰体设计注重稳定性、隐身性以及抵抗战损的能力，沿用了与 F-100 护卫舰相似的种种隐身技术。

◀ 舰艏的奥托·梅莱拉 76 毫米隐身舰炮和 B 炮位的 MK-41 垂直发射系统

知识链接 >>

宙斯盾战斗系统是美国海军现役最重要的整合式水面舰艇作战系统。20 世纪 60 年代末，美国海军为了应对苏联大量反舰导弹的对水面作战系统的攻击威胁，提出一个"先进水面导弹系统"的提案，经过发展成为"宙斯盾"战斗系统，这可以有效地防御敌方从四面八方发动的导弹攻击，它构成了美国海军舰队的坚固盾牌。

VISBY-CLASS
维斯比级护卫舰（瑞典）

■ 简要介绍

维斯比级护卫舰，瑞典称为巡逻舰，这是由于瑞典奉行中立政策，以防止外力入侵为第一要务。因为将焦点集中在内陆与波罗的海，所以将其以巡逻舰编制入列。本级舰是世界上第一种以复合材料取代钢材作为舰体的海上舰艇，不仅在各种讯号的抑制上采用了最先进的技术与最彻底的隐身手段，更致力于减少舰上装备对雷达隐身性能可能产生的破坏。本级舰成为世界全面隐身舰艇的先驱。

■ 研制历程

瑞典海军于1988年开始进行新一代舰艇计划——小型水面舰艇（YSM），除了YSM之外，当时瑞典海军还有另一个新世代舰艇研发计划——大型水面舰艇（YSS）。评估之后，瑞典于1993年将YSM与YSS合并，成为现在的水面舰艇2000（YS-2000）。

首舰"维斯比"号于2000年6月8日下水，并从2001年12月起展开为期两年的海上测试，而后续舰的建造工作则等到首舰的测试结束后才进行，以根据测试时获得的经验进行修正。

基本参数	
舰长	72米
舰宽	10.4米
吃水	2.4米
排水量	550吨（标准） 620吨（满载）
航速	35节
舰员编制	43人
动力系统	4台Alliedsignal TF-50A燃气涡轮力 2台MTU 16V2000N90柴油机 2台KaMeWa 125S-2水喷射推进器

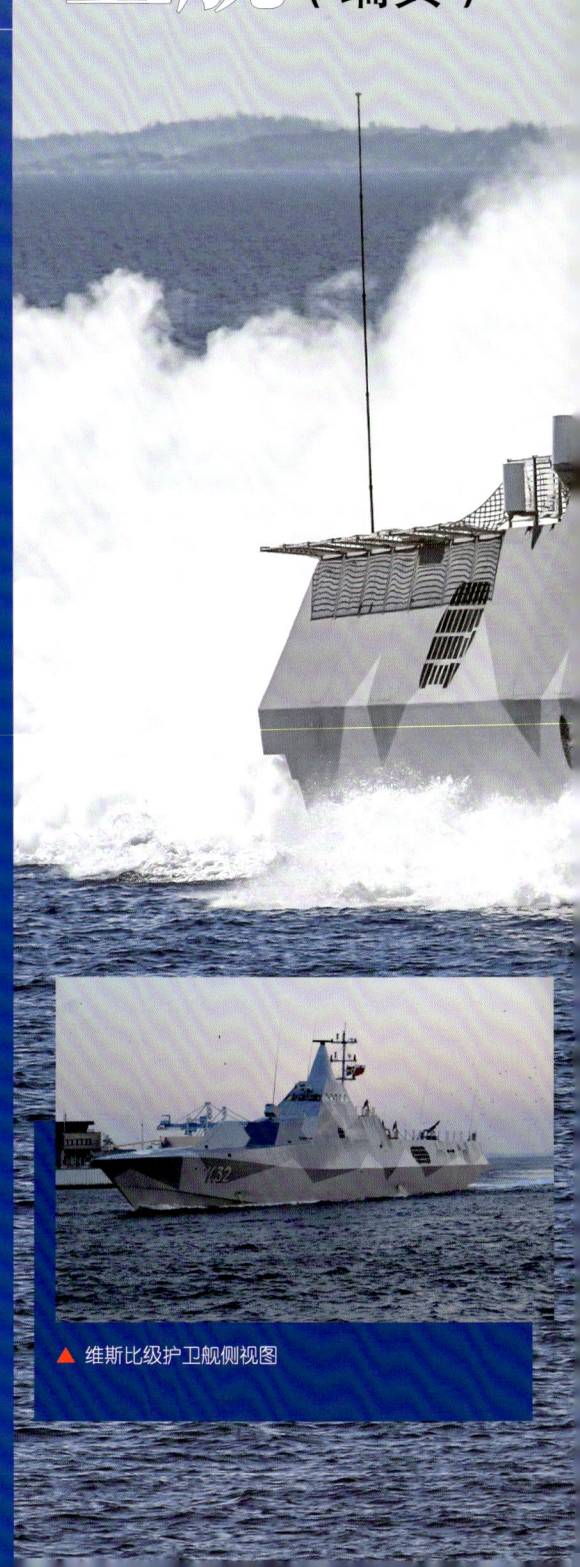

▲ 维斯比级护卫舰侧视图

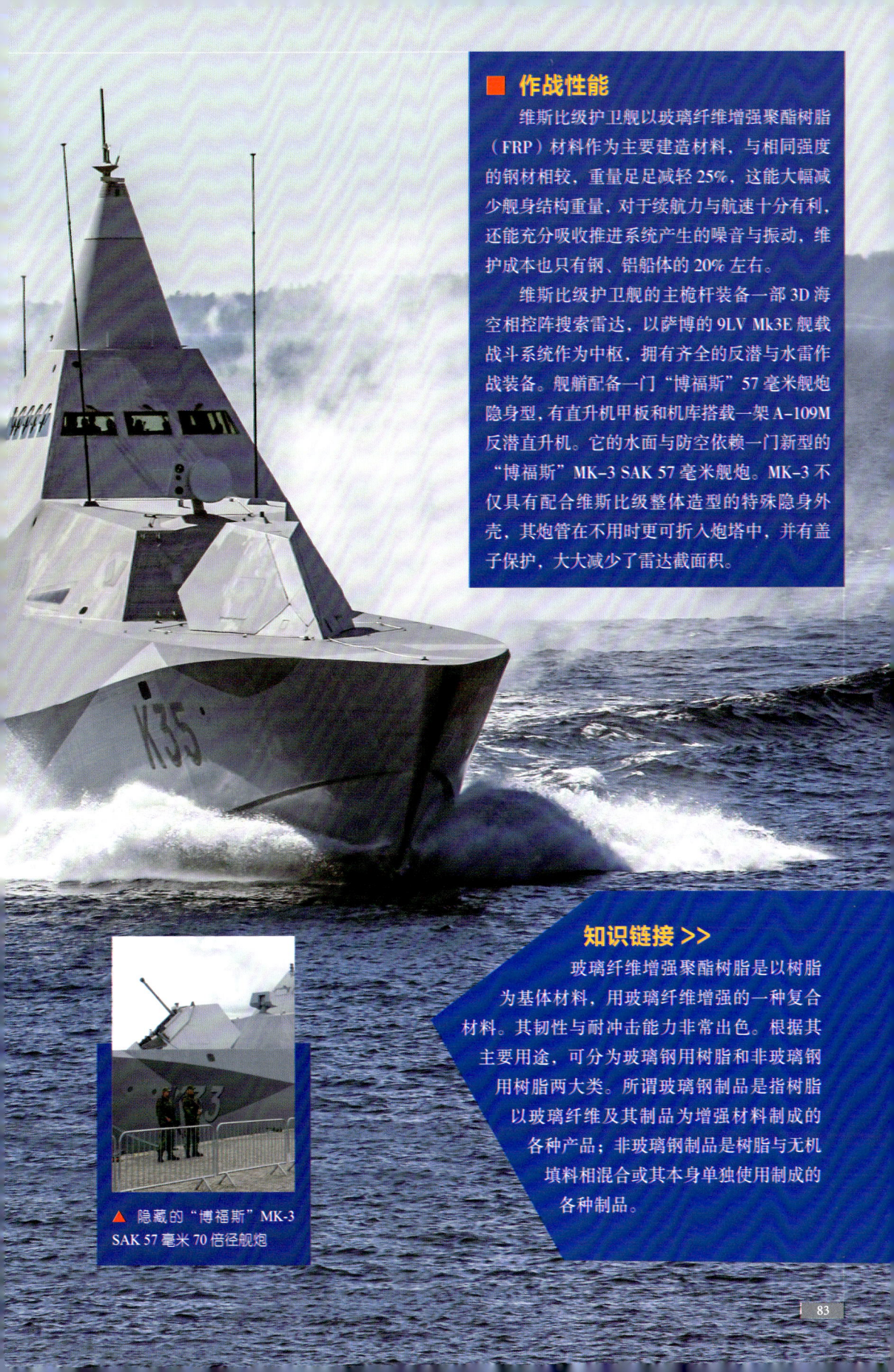

■ **作战性能**

维斯比级护卫舰以玻璃纤维增强聚酯树脂（FRP）材料作为主要建造材料，与相同强度的钢材相较，重量足足减轻25%，这能大幅减少舰身结构重量，对于续航力与航速十分有利，还能充分吸收推进系统产生的噪音与振动，维护成本也只有钢、铝船体的20%左右。

维斯比级护卫舰的主桅杆装备一部3D海空相控阵搜索雷达，以萨博的9LV Mk3E舰载战斗系统作为中枢，拥有齐全的反潜与水雷作战装备。舰艏配备一门"博福斯"57毫米舰炮隐身型，有直升机甲板和机库搭载一架A-109M反潜直升机。它的水面与防空依赖一门新型的"博福斯"MK-3 SAK 57毫米舰炮。MK-3不仅具有配合维斯比级整体造型的特殊隐身外壳，其炮管在不用时更可折入炮塔中，并有盖子保护，大大减少了雷达截面积。

▲ 隐藏的"博福斯"MK-3 SAK 57毫米70倍径舰炮

知识链接 >>

玻璃纤维增强聚酯树脂是以树脂为基体材料，用玻璃纤维增强的一种复合材料。其韧性与耐冲击能力非常出色。根据其主要用途，可分为玻璃钢用树脂和非玻璃钢用树脂两大类。所谓玻璃钢制品是指树脂以玻璃纤维及其制品为增强材料制成的各种产品；非玻璃钢制品是树脂与无机填料相混合或其本身单独使用制成的各种制品。

FREMM MULTIPURPOSE FRIGATE
欧洲多任务护卫舰（欧洲）

■ 简要介绍

欧洲多任务护卫舰，即 FREMM，法国版称为阿基坦级，意大利版称为米尼级，是法国与意大利联合开展的一项新一代护卫舰建造计划。它是世界新锐护卫舰建造计划的代表作之一，亦为国际国防合作项目的范例之一。舰上大量应用拉斐特级护卫舰与地平线级驱逐舰的开发经验，舰上所有的装备都将沿用现成品并做最佳利用，配备相控阵雷达，防空型发射紫菀防空导弹，具备区域防空能力。

■ 研制历程

2001 年年底至 2002 年年初，意大利与法国造舰局对双方的造舰需求进行研究，发现双方需求类似，于是一拍即合，计划名称为欧洲多任务护卫舰（FREMM）。

双方的合作方案在 2004 年 10 月 25 日获得两国批准后正式展开研发工作，其中法方的主要承造单位是洛里昂海军船厂，意方则由里瓦特里戈索造船厂担纲。

意大利海军总计购买 10 艘。首舰"米尼"号在 2013 年 5 月 29 日交付意大利海军。

2008 年 9 月中旬，法国国家安全白皮书中表示为了节省财政开支，将 FREMM 的订购总数降为 11 艘，首舰"阿基坦"号在 2012 年 11 月 27 日交付法国海军。

基本参数	
舰长	140.4米
舰宽	19.7米
吃水	5米
排水量	满载约5750吨（法国版） 满载约6250吨（意大利版）
动力系统	1台LM-2500+G4燃气涡轮 4组1.2MW级柴油发电机组 2台EPM主推进电机

▶ 欧洲多任务护卫舰正视图，可以看到桅杆上的 EMPAR 雷达

■ **作战性能**

　　FREMM 具有高生存性，被两枚"鱼叉"等级的中型反舰导弹击中后有 90% 的概率能维持不沉，70% 的概率能保有部分的战斗能力。为此，FREMM 全舰采用钢材制造，采用能抵抗核爆震与外部污染的气密堡垒构型，主要作战指挥舱室与动力轮机舱房周围都设置钢板装甲，舱壁中间也保留中空结构，以提升抵抗弹药破片的能力；水线以下分隔成 11 个水密隔舱，即便三个相连舱室进水也能让船身保持浮在水面上。FREMM 的设计还注重隐身功能。

知识链接 >>

　　FREMM 除了自用外，也用于外销。埃及在 2014 年购买了法国 4 艘追风级巡逻舰，因此与法国商议，将原本为法国海军建造的"诺曼底"号出售给埃及。埃及则表示，如果能在 2015 年 8 月将其交付，就会一次付清约 8 亿欧元船款。2015 年 6 月 23 日，"诺曼底"号更名为"万岁埃及"号，直接交付埃及海军。

ANZAC-CLASS
澳新军团级护卫舰（澳大利亚）

■ 简要介绍

澳新军团级护卫舰是皇家澳大利亚海军与皇家新西兰海军隶下的多用途护卫舰。本级舰满载排水量3600吨，凭借MEKO 200的模块化造船技术，舰上拥有完善的武备。以一战的澳大利亚和新西兰军团（ANZAC）命名，以纪念澳新军团在一战无畏作战，并希望两国再一次缔造成功的军事合作。

■ 研制历程

20世纪80年代，澳大利亚首先展开一项名为"新水面作战舰艇"（NSC）的计划，打算建造一批新护卫舰。澳大利亚进行NSC的同时，皇家新西兰海军也在规划新一代的水面舰艇。双方协商后将此计划变更成为两国共通的造舰计划。1987年3月，澳大利亚与新西兰针对此计划签署了备忘录，计划名称改成澳新军团级（ANZAC）。

1987年8月，ANZAC计划正式将预算上限订在35亿澳币。1989年8月14日，澳新当局与西德正式签署引进MEKO 200的合约，由西德博隆·福斯原厂转移技术在澳大利亚与新西兰建造，并由澳大利亚位于维多利亚省威廉斯的曼斯菲尔德–阿梅康厂担任主承包商。

整体而言，澳大利亚与新西兰业界负责澳新军团级相关合约额度的80%，澳大利亚占73%而新西兰占7%。澳新军团级的各模块将在德国、澳大利亚与新西兰等地建造，再转至澳大利亚的船坞进行组合。10艘护卫舰中，第二与第四艘属于皇家新西兰海军，分别于1997年与1999年服役。

基本参数	
舰长	118米
舰宽	14.8米
吃水	4.35米
排水量	2500吨（标准） 3600吨（满载）
航速	27节
续航力	6500海里 / 18节
舰员编制	185人
动力系统	1台LM-2500-30燃气涡轮 2台MTU 12V 1163 TB83柴油机

▲ MK-45 Mod4型127毫米舰炮

■ **作战性能**

澳新军团级护卫舰舰艏最初装有一门美制MK-45 Mod2型127毫米54倍径舰炮，在20世纪初期陆续换装使用隐身炮塔的MK-45 Mod4型127毫米62倍径舰炮，烟囱后方的模组基座最多能安装2组美制八联装MK-41 Mod5垂直发射系统，但只安装一组，且无海上再装填能力。前三艘澳新军团级装备8枚垂直发射型"海麻雀"防空导弹，从"瓦拉蒙格"号起换装了新一代的"改进型海麻雀"（ESSM），换装后防空火力大幅提升。舰艉拥有一个直升机库与直升机甲板，可操作一架大型反潜直升机。

知识链接 >>

电子战方面，澳新军团级护卫舰配备有电子支援系统、电子对抗系统以及干扰弹发射器，并预留安装美制拖曳式鱼雷对抗系统的空间。水下侦测方面，配备了舰艏主/被动声呐，舰艉预留了安装拖曳阵列声呐的空间。澳新军团级的资料传输系统包括Link-11资料链以及SHF卫星通信系统等。

▲ 航行中的澳新军团级护卫舰

ULSAN-CLASS
蔚山级护卫舰（韩国）

■ 简要介绍

蔚山级护卫舰是韩国海军近海防御的一支重要力量，也是韩国海军开始发展本国造舰工业，以替换服役已久美援舰艇的第一件产品。虽然是在美国的援助下建造，但是舰上的作战装备以欧洲系统居多。它是一种以近海巡逻为主的舰艇，主要以较快的航速为设计思想，动力方案为"双燃双柴"，其最大航速能达到34节，是韩国海军速度最快的现役舰艇。

蔚山级护卫舰充分发挥了速度快、武备强的特征，使得韩国海军在多次的对抗中占据上风。

■ 研制历程

20世纪70年代末期，韩国海军、现代重工在美国JIMA公司的协助下完成了HDF-2000护卫舰计划，成果就是蔚山级护卫舰。首舰"蔚山"号在1980年下水，1981年1月1日服役。由于不断进行设计改良，9艘本级舰的建造持续超过10年，最后一艘"全州"号于1993年服役，距离首舰"蔚山"号的成军已经相隔12年。

基本参数	
舰长	102米
舰宽	11.5米
吃水	3.5米
排水量	1496吨（标准） 2180吨（满载）
航速	34节
续航力	4000海里/15节
舰员编制	150人
动力系统	2台LM-2500燃气涡轮 2台MTU 538 TB 82柴油机

▲ 蔚山级护卫舰发射反舰导弹

■ **作战性能**

　　蔚山级护卫舰的上层结构相当高耸，是该舰外形上的一大特色。蔚山级是一种2000吨级的中小型舰艇，拥有相当高的航速与灵活度，并配备多种中小口径火炮以及"鱼叉"反舰导弹，以在远程与近程和敌方舰艇交锋。蔚山级采用钢制舰身，上层结构则由铝合金建造，而舰上的内部装饰材料多为木材，这在现代海战条件下是一个致命的弱点。

▲ 航行中的蔚山级护卫舰

知识链接 >>

　　蔚山级护卫舰上使用了柴油发动机，这是一种燃烧柴油来获取能量释放的发动机。它是由德国发明家鲁道夫·狄塞尔于1892年发明的。其优点是热效率和经济性较好，供油系统也相对简单，因此柴油发动机的可靠性要比汽油发动机好。但柴油机由于压力大，要求各有关零件具有较高的结构强度和刚度，所以柴油机比较笨重，体积较大，振动噪声也大。柴油不易蒸发，冬季冷车时启动困难。

INCHEON-CLASS
仁川级护卫舰（韩国）

■ 简要介绍

仁川级护卫舰是韩国海军研制的中轻型多用途护卫舰。它作为韩国海军的新秀，无论是在吨位、续航力、居住舒适性还是作战能力上，均较以前的老式护卫舰有很大提升，但也有装备比较薄弱、抗打击能力弱的缺点。

■ 研制历程

韩国新一代FFX护卫舰计划于1998年10月正式展开，2002年7月确立基本性能要求。韩国国防采办项目局（DAPA）在2006年5月31日正式对外公布此计划，随后在同年10月选择现代重工作为FFX主承包商，负责设计与建造工作。

仁川级共建造6艘，2010年3月，首艘FFX-1命名为"仁川"号，在现代重工蔚山厂开工，2011年4月29日下水，2013年1月17日交舰成军。前三艘仁川级由现代重工蔚山厂建造，后三艘则由STX海洋与造船集团在釜山的船厂建造。

基本参数	
舰长	114米
舰宽	14米
吃水	4米
排水量	2350吨（标准） 3250吨（满载）
航速	32节
续航力	4500海里 / 18节
舰员编制	145人
动力系统	2台LM-2500燃气涡轮 2台MTU 20V 956 TB92柴油机

▲ 仁川级护卫舰发射反舰导弹

■ **作战性能**

仁川级护卫舰上采用大量进口欧制和美制成熟装备，主桅杆是一部法国泰雷兹 SMART-S MK-2 3D 多功能雷达，舰艏有一座美制 MK-45 127 毫米舰炮，舰桥艏楼上方一座美制 MK-49 拉姆近程防空导弹发射装置，舰舯可安装 4 座四联装韩国自产 SSM-700K 反舰导弹，有直升机库可操作一架超级大山猫直升机。

仁川级具有良好的耐海能力与续航力，使用平甲板方艉舰型，舰艏部位较为尖瘦，舰体线型颇为流线，如此可提高稳定性与耐波力，并降低航行时的阻力。仁川级的舰体设计十分强调隐身性，采用简洁流畅的轮廓线条与封闭式堡垒船楼。

▲ 航行中的仁川级护卫舰

知识链接 >>

仁川级护卫舰上使用的是燃气涡轮机，是一种旋转叶轮式热力发动机。燃气轮机结构最简单，最能体现出燃气轮机所特有的体积小、重量轻、启动快、少用或不用冷却水等一系列优点。缺点是运转时发动机内温度很高，对材料抗高温和耐久性提出高要求，造成价格昂贵。再则噪声大，其独特的尖锐噪音，令许多人难以忍受。

TALWAR-CLASS
塔尔瓦尔级护卫舰（印度）

■ 简要介绍

印度的塔尔瓦尔级护卫舰的母型是俄罗斯克里瓦克Ⅲ级护卫舰，母舰是一级多用途护卫舰，具有较强的对空、对舰及反潜能力，在其基础上进一步增强作战能力，提高舰艇的隐身性。塔尔瓦尔级护卫舰的服役不仅使印度成为南亚唯一拥有隐身护卫舰的国家，还使其水面舰艇的远洋作战能力有了较大的提高。

■ 研制历程

长期以来，印度始终坚定不移地执行"控制印度洋"的战略目标。20世纪90年代以后，其海军也确立了相应的"沿海防御—区域控制—远洋进攻"的发展思路，提出发展一支大型远洋舰队，逐步实现从"区域性威慑和控制"向"远洋进攻"的战略转移。随着其作战任务的改变，现有海军装备已不能满足未来新时期的作战需求，于是制订了一系列新型舰艇的建造计划，其中最主要的是印度自研的德里级驱逐舰和向俄罗斯定购的塔尔瓦尔级护卫舰。

1998年7月21日，印度与俄罗斯波罗的海造船厂签订了关于俄为其建造3艘改进型克里瓦克Ⅲ级（11356型）护卫舰的合同，并将新建的护卫舰称为塔尔瓦尔级导弹护卫舰，合同总金额9.32亿美元，平均每艘达3亿多美元，并保留3艘续购优先权。

基本参数

舰长	123米
舰宽	14.2米
排水量	3200吨（标准） 3850吨（满载）
航速	30节
舰员编制	192人
动力系统	2台M-8K型主燃气轮机 2台M-62型巡航燃气轮机

▲ 3S90防空导弹发射器特写

■ **作战性能**

塔尔瓦尔级护卫舰上装配有1座A-190E型100毫米舰炮,"俱乐部"系列反舰导弹,SA-N-7"牛虻"舰空导弹系统,卡什坦近程防御武器系统,2座DTA-53型双联装533毫米鱼雷发射管(发射俄制TEST-71M大型线导反潜鱼雷),1座12管RUB-6000型反潜火箭系统。

▲ 从舰桥眺望前甲板,可见100毫米炮、3S90单臂防空导弹发射器、UKSK俱乐部通用垂直发射器、RBU-6000反潜火箭弹发射器

知识链接 >>

据《印度斯坦时报》网站2014年3月19日报道,塔尔瓦尔级护卫舰上的一个帮助维持航行平稳的重要部件丢失了。海军消息人士称,在孟买进行的一次检查中,印度海军塔尔瓦尔级"特里苏尔"号隐形护卫舰的两个减摇装置丢失。印度海军在过去8个月发生了13起事故,其中大多发生在海军西部司令部。

SHIVALIK-CLASS
什瓦里克级护卫舰（印度）

■ 简要介绍

什瓦里克级护卫舰是印度海军隶下的大型多用途护卫舰。本级舰旨在替换印度海军老旧的英制12型护卫舰，以俄制11356型护卫舰为设计基础进一步改良而成，舰上有六至七成的装备为印度自制，其中有许多是国外转移技术并授权印度厂商生产。本级舰集多国一流技术，整体性能比较先进，不过也有部分设计略显过时，最主要的是没有采用垂直发射的主要防空导弹系统，仍以20世纪80年代的单臂防空导弹发射装置发射中远程防空导弹。

■ 研制历程

印度在1997年向俄罗斯采购3艘11356型护卫舰，并以11356型的设计为基础进一步改良，打算建造12艘新型护卫舰，即什瓦里克级护卫舰。1999年年初，正式签署这3艘舰艇的建造合约。

由于印度海军在开工前夕变更了若干设计，建造用的俄制D-40S钢材又延迟到货，首舰"什瓦里克"号迟至2000年12月18日，才开始切割第一块钢板。

基本参数

舰长	142.5米
舰宽	16.9米
吃水	4.5米
排水量	4600吨（标准） 6200吨（满载）
航速	32节
舰员编制	257人
动力系统	2台LM-2500燃气涡轮 2台Pielstick 16 PA6 STC柴油机

▲ 舰艉可以放2架海王Mk.42B或ALH反潜直升机

■ **作战性能**

　　什瓦里克级护卫舰具有较好的隐身性。武装方面，什瓦里克级护卫舰的多数舰载武器系统与 11356 型相同，主要区别在于舰炮与近迫武器系统。什瓦里克级改用意大利奥托·梅莱拉 76 毫米舰炮的超级快速型。B 炮位仍维持与 11356 型相同的一座 3S-90 单臂防空导弹发射器，能装填 24 枚 SA-N-7/12 防空导弹。反舰导弹配置也与 11356 型相同，在 3S-90 后方加装一套 KBSM 3S14E 八联装垂直发射器，可装填布拉莫斯超音速反舰导弹。反潜方面，舰桥前方装有一部十二联装 RBU-6000 反潜火箭发射器。近迫防御方面，使用两座 AK-630 30 毫米防空机炮与 32 管以色列制闪电一型短程防空导弹的炮/弹合一防空系统。直升机方面，什瓦里克级的机库结构经过扩大，能容纳两架反潜直升机。

▲ 舰艏一座奥托·梅莱拉 76 毫米舰炮和 3S-90 单臂防空导弹发射系统

知识链接 >>

"什瓦里克"号于 2001 年 7 月 11 日安放龙骨，2003 年 4 月 18 日下水并服役；二号舰"萨德布尔"号于 2002 年 10 月 31 日安放龙骨，2004 年 6 月 4 日下水，2011 年 8 月 21 日服役；而三号舰"萨亚德里"号则于 2003 年 9 月 30 日安放龙骨，2005 年 5 月 27 日下水，2012 年 7 月 21 日服役。

FORMIDABLE-CLASS
可畏级护卫舰（新加坡）

■ 简要介绍

可畏级护卫舰是新加坡海军的新一代多功能护卫舰，它是法国海军拉法耶特级护卫舰的升级改进版本，具备较强的防空、反潜、反舰等正规作战能力。其主要任务就是水面巡逻，以及在交通频繁、鱼龙混杂的东南亚水域阻绝非法移民、走私、贩毒、海上劫掠乃至恐怖活动等，并保护新加坡的经济海域。可畏级在服役后的一段时间内都是东南亚地区最精锐强劲的中型护卫舰。

▲ 舰艏一门奥托·梅莱拉76毫米舰炮超级快速型及后方的B炮位安装四组八联装Sylver垂直发射系统

■ 研制历程

20世纪90年代，新加坡海军决定建构一支以护卫舰、柴电潜艇、大型战车登陆舰为主的部队。护卫舰方面，新加坡启动了三角洲项目，打算在国外厂商的协助下，筹建6艘新型可畏级护卫舰。

美国、瑞典、法国等多家知名大厂都参与了三角洲项目的角逐。首舰由法国DCN的洛里昂海军造船厂承造，其余5艘都在DCN的协助下由新加坡STM的造船厂建造，DCN负责协助新加坡建立对新护卫舰的维护能力。可畏级6艘舰在2009年年初全部成军。

基本参数	
舰长	114.8米
舰宽	16.3米
吃水	6米
排水量	2800吨（标准） 3200吨（满载）
航速	28节
舰员编制	86人
动力系统	4台MTU20V8000M90柴油机

■ 作战性能

可畏级护卫舰具有隐身性，舰艏A炮位装有一门奥托·梅莱拉76毫米舰炮超级快速型，B炮位安装四组八联装Sylver垂直发射系统，装填32枚欧洲MBDA的紫菀防空导弹。可畏级成为东南亚第一种具备真正区域防空能力的舰艇。整套紫菀防空导弹、武仙座型雷达与防空火控系统的组合是PAAMS，从开机到正常运作战备只需20秒；在标准运作状态下，从雷达捕获目标、识别分析、火控运算到发射第一枚紫菀防空导弹，仅需6秒，而垂直发射系统更使紫菀导弹能直接迎战任何方位的威胁，省下改变舰艇航向的时间。

▲ 主桅杆顶端为力士雷达

知识链接 >>

紫菀防空导弹是法国、意大利合作开发的未来面对空导弹族系（FSAF）使用的。共发展出两种不同任务的衍生型——紫菀-15短程防空导弹与紫菀-30区域防空导弹，采用垂直发射系统，可部署于舰上或地面移动车辆上。这类新一代舰载防空导弹往往又被称为"近程区域防空导弹"，使舰艇反导弹防御的有效拦截距离达到地平线的附近。

RIYADH-CLASS
利雅得级护卫舰（沙特）

■ 简要介绍

利雅得级护卫舰装备沙特阿拉伯海军，是法国拉法耶特级导弹护卫舰的改进型。在拉法耶特级护卫舰的客户中，沙特的利雅得级护卫舰满载排水量最大，达4650吨。

■ 研制历程

1994年11月，沙特与法国签订购买拉法耶特级护卫舰的合同。沙特海军将购买的3艘拉法耶特级舰以沙特名城命名为"利雅得"号、"麦加"号和"达曼"号。"利雅得"号于2002年7月服役，"麦加"号于2003年4月交付，"达曼"号在2004年年初交付沙特海军。

■ 作战性能

利雅得级护卫舰整体战力强大。舰上探测系统和作战指挥控制系统先进，反应快速高效。除装备100毫米舰炮和20毫米近防炮外，还配备有杀伤力很强的MM-40型"飞鱼"反舰导弹。F17P型反潜鱼雷的发射管设计在舰体尾部，可谓别出心裁。特别配备有16枚紫菀15防空导弹，是欧洲最先进的防空导弹。它由两座8单元西尔瓦导弹垂直发射装置发射。舰上还搭载一架S365"海豚"直升机。舰体进行了特殊的隐形设计。指控系统和电子战设备与拉法耶特级基本相同，增加了可与直升机和空军F-15战斗机交换信息的法制OTHT Ⅱ数据链。

基本参数	
舰长	133.6米
舰宽	17.2米
吃水	4.1米
排水量	4650吨（满载）
航速	25节
续航力	7000海里/15节
动力系统	4台SPl6PA6型柴油机

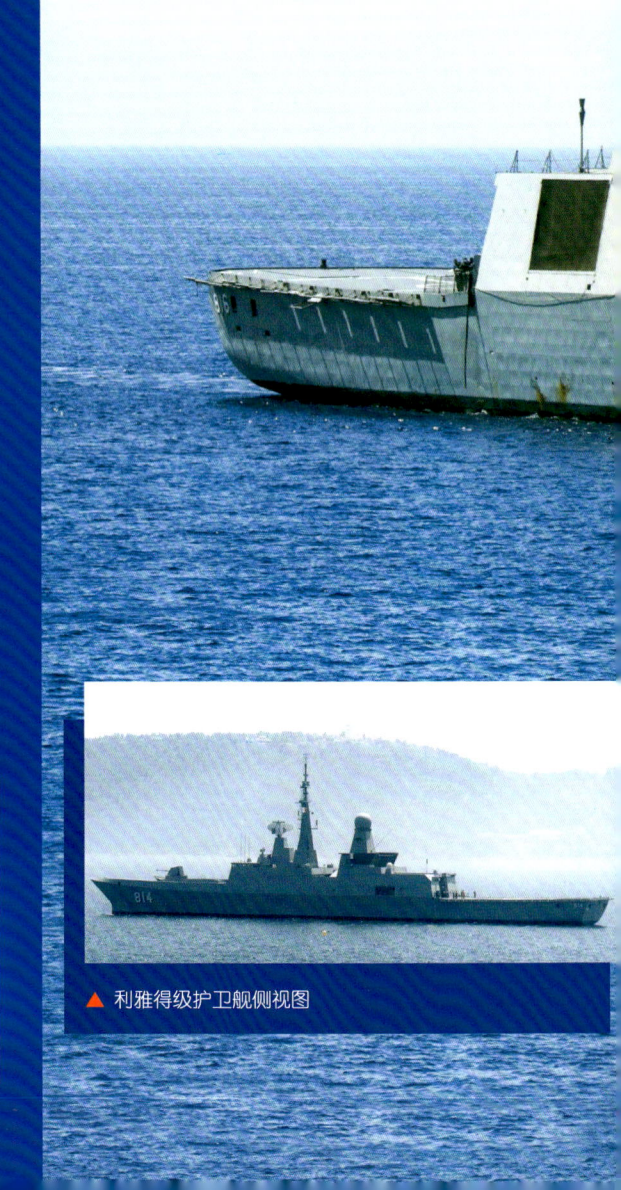

▲ 利雅得级护卫舰侧视图

▲ 航行中的利雅得级护卫舰

知识链接 >>

"飞鱼"反舰导弹是一款法国研发制造的反舰导弹,于20世纪60年代后期由欧洲著名军火制造商法国航空公司研发制造,拥有舰射、潜射、空射等多种不同的发射方式。主要目标是攻击大型的水面舰艇,在飞行时采用惯性导航,接近目标后,启动主动雷达搜寻装置。因此,在接近目标前很难被对方察觉。

BAYNUNAH-CLASS
拜努纳级轻型护卫舰（阿联酋）

■ 简要介绍

拜努纳级轻型护卫舰是阿联酋海军斥巨资建造的一级全新轻型导弹护卫舰，体型小但战斗力强悍，并且采取了综合隐身设计。它集成和整合了多家世界著名防务技术公司的先进舰载系统，主要有加拿大"综合舰桥系统"、美国"海麻雀"垂直发射舰空导弹系统、意大利奥托火炮、南非 NLWS310 激光警告系统、法国电子支援系统和红外搜索/跟踪及武器控制系统、瑞典"海长颈鹿"三维侦察雷达和德国的动力系统等。这些系统性能先进、兼容性好、稳定性高、技术成熟可靠。最难能可贵的是，法国 CMN 公司将这些系统通过精心设计达到很好的融合，设计出海湾地区最为先进的拜努纳级轻型护卫舰。

■ 研制历程

随着沙特引进法制利雅得级护卫舰，阿联酋周边海上国家均加大了对海军的投入。该计划最关键的是阿海军提出合同商必须向阿布扎比造船厂转让建造技术，以便在本国承担后续建造任务。最终法国诺曼底机械制造公司胜出。

1999 年，阿布扎比船厂经过谈判，宣布与法国共同组建合资公司，提升阿布扎比船厂的建造能力。2003 年 12 月底，阿联酋海军与阿布扎比造船公司下属的阿布扎比船厂签订了价值 5.4 亿美元的新舰合同，项目为拜努纳级，包括建造 4 艘轻型护卫舰以及未来建造另 2 艘。

基本参数	
舰长	72米
排水量	500吨（标准）
航速	32节
续航力	2400海里/15节
动力系统	4台MTU12V595TE90型柴油机

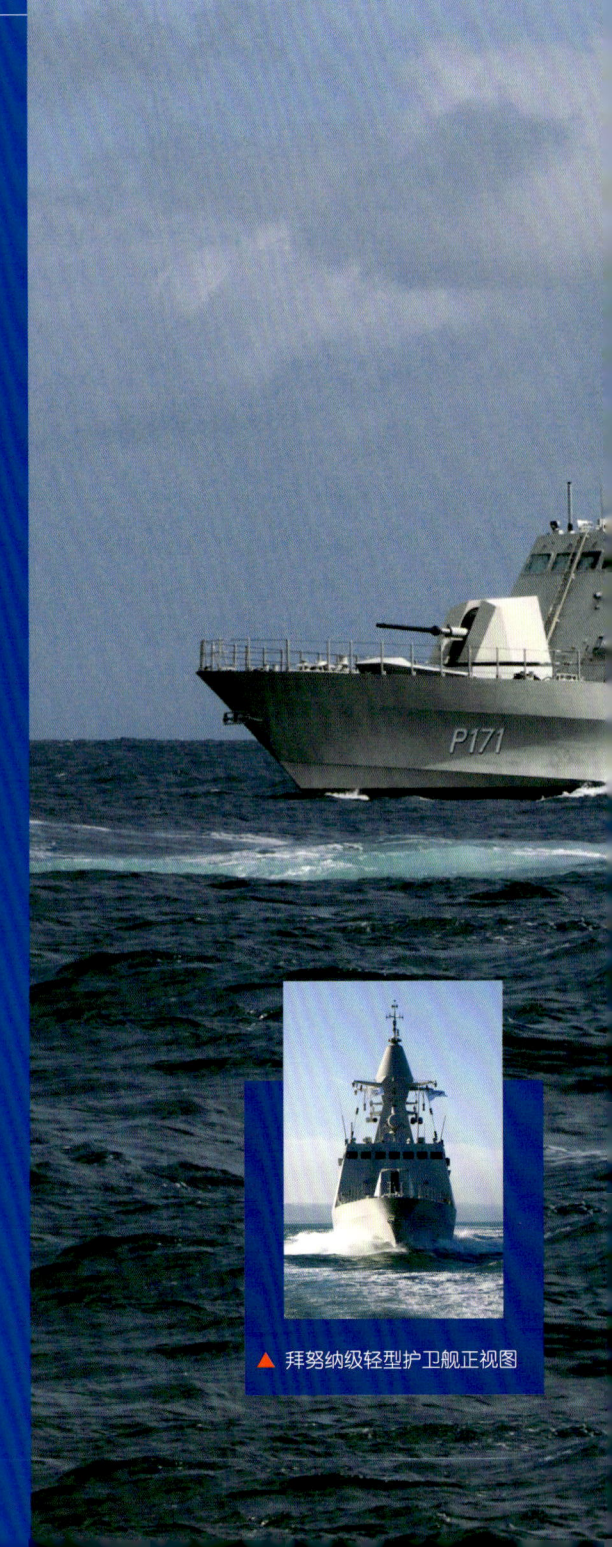

▲ 拜努纳级轻型护卫舰正视图

■ **作战性能**

拜努纳级护卫舰除了少数部位采用铝合金材料外，其余几乎都使用高强度钢，提高了舰艇的抗震性和抗打击能力。该级舰的桅杆采用了先进的多边几何形状，可以有效减小雷达发射面积。轻型护卫舰的反舰导弹系统包括8枚"飞鱼"MM-40 Block3型掠海攻击反舰导弹。防空武器系统采用美国雷声公司MK56八单元垂直发射装置，用于发射"改进型海麻雀"（ESSM）防空导弹，给舰艇提供防空能力。主炮采用奥托·梅莱拉76毫米快速中距舰炮。

知识链接 >>

拜努纳级轻型护卫舰由法国诺曼底机械制造公司设计，在瑟堡船厂建造首舰。之后由该公司为阿布扎比船厂提供后续建造材料和技术，在阿联酋本国生产。起初阿联酋海军订购4艘该级舰，计划2008年服役。后来又追加了2艘同型舰，首舰于2005年9月在法国诺曼底船厂铺设龙骨。

▲ 拜努纳级轻型护卫舰和舰载直升机协同演练

KEDAH-CLASS
吉达级轻型护卫舰（马来西亚）

■ 简要介绍

马来西亚皇家海军的吉达级轻型护卫舰是一种能够担负多种任务并具备较强灵活性的护卫舰。它对于马来西亚海军的意义不只是一艘普通的军舰，更是迈向自建舰船的重要一步。因为该舰的前2艘由德国建造，而第3艘则是由马来西亚自行装配。这也是马来西亚第一次亲自参与建造的现代化轻型舰艇，在东南亚海军中开创了先河。

■ 研制历程

马六甲海峡是东南亚最重要的海运通道，需要有效执行水面巡逻、维护专属经济区安全、打击海上不法活动和海上救援等任务。马来西亚海军在20世纪90年代初期，提出了规模庞大的新一代近海巡逻舰计划——NGPV，吸引了众多厂商前来竞标。

最终，德国布洛姆－福斯造船厂推出该公司著名的MEKOA系列模块化护卫舰的第四代产品——MEKOA-100，制造吉达级护卫舰，获得马来西亚海军青睐。

1998年9月6日，马来西亚与槟城造船工业公司签署首批6艘的合约，槟城造船厂则在1999年2月与德国布洛姆－福斯造船厂签订总值14亿美元的相关转包合约。

基本参数	
舰长	91.1米
舰宽	12米
吃水	3.4米
排水量	1500吨（标准） 1850吨（满载）
航速	30节
续航力	6050海里/12节
舰员编制	78人
动力系统	2台卡特·彼勒3616柴油机

■ 作战性能

在电子设备方面，吉达级拥有一部EADS德国分公司的TRS-3D/16E三坐标平面/对空搜索雷达、一部德国STN9600ARPA导航雷达，以及MDS-3060声呐系统等。舰上的火炮由瑞士厄利空公司的TMX/TMEO整合式光电系统负责控制。舰上作战中枢为德国STN公司的COSYS-110M1多功能综合战斗系统，该系统可以保证军舰在2枚超声速反舰导弹的进攻下，指挥全舰的武器系统从容应对。

▲ 吉达级轻型护卫舰和反潜机演练

吉达级舰艇 A 炮位的武器模块基座装有一门奥托·梅莱拉公司的 76 毫米舰炮。B 炮位的模块基座今后将安装一套美制 21 联装 MK-49 RAM "海拉姆"防空导弹系统，舰体中段可加装 2 组四联装法制 MM-40 Block3 "飞鱼"反舰导弹发射器。此外，舰艉设有一个直升机库，可操作一架 "超级大山猫"-300 反潜直升机或 AS-355 轻型通用直升机。

知识链接 >>

德国建造的"吉达"号、"彭享"号，分别于 2001 年 6 月 7 日与 8 月 1 日开工建造，分别在 2003 年 5 月与 10 月从德国抵达马来西亚，再由槟城造船厂进行最后的系统安装与整合。双方分别在 2003 年 9 月 25 日与 2004 年 6 月 10 日举行交付仪式。后续各舰则在德国的协助下，完全由槟城造船工业公司自行建造。

VALOUR-CLASS
英勇级护卫舰（南非）

■ 简要介绍

英勇级护卫舰是南非海军向德国护卫舰联盟订购的 MEKO A-200 多用途护卫舰。它以泰雷兹 MRR-3D 多功能雷达搭配南非自己研制的民族之矛防空导弹，舰炮、声呐、鱼雷、直升机配置全面，舰体设计简洁，损管防护优良，具备较强的综合作战能力。此外，本级舰是世界上第一种采用复合燃气涡轮与柴油机结合泵喷射推进与螺旋桨推进配置（CODAG-WARP）的作战舰艇，也是泵喷射推进系统首次登上3000 吨以上水面作战舰艇。本级舰使得南非海军将整个非洲海岸线都纳入巡航范围内，迅速执行人道维和行动，而这种能力在以往南非海军只拥有导弹快艇的时代是难以想象的。

■ 研制历程

1986 年，南非老旧的英制 12 型护卫舰退役后，以小型舰艇为主力的南非海军根本就无法有效胜任远洋航行任务。

1994 年，南非国内政局稳定后，南非海军开始筹划下一代护卫舰。1997 年 10 月，南非海军正式展开招标，最终，德国 GFC 联合造舰集团的 MEKO A-200 方案获胜。1999 年 12 月 3 日，南非海军与 GFC 正式签约，订购 4 艘 MEKOA-200 护卫舰。

基本参数	
舰长	121米
舰宽	16.3米
吃水	4.4米
航速	27节
续航力	7500海里/15节
舰员编制	152人
动力系统	1台GELM-2500燃气涡轮 2台MTU16V1163TB93柴油机

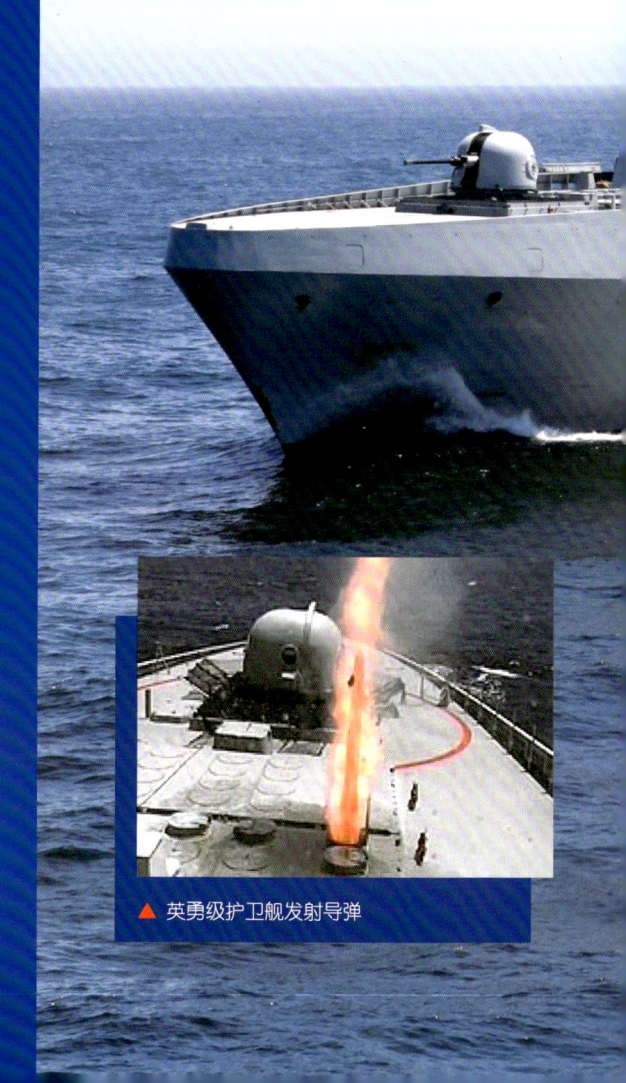

▲ 英勇级护卫舰发射导弹

■ **作战性能**

英勇级护卫舰的电子装备包括泰雷兹的 MRR 三维 E/F 频多功能雷达、雷松的 BridgemasterE 自动辅助描迹（ARPA）导航雷达系统。火控方面，配备两组南非的 RTS-6400 整合式光电/雷达火控系统。电子战方面，配备萨博研发的整合式电子对抗/支援系统。水下侦测方面，装有一部泰雷兹生产的 UMS4132Kingklip 主/被动舰艏声呐以及 MDS3060 障碍物回避声呐。舰艏 A 炮位装有一门奥托·梅莱拉 76 毫米舰炮，76 毫米舰炮后方装有 32 管南非丹尼尔研发的"民族之矛"垂直发射防空导弹系统。舰体中段半埋安装了两组四联装法制"飞鱼"MM-40 Block2 型反舰导弹，采用能降低雷达截面积的方块状发射器。

▲ 英勇级护卫舰后视图

知识链接 >>

GFC 由德国著名的布隆·沃姆斯、HDW 与泰森北海三大造船厂组成，该集团生产的 MEKO 模块化护卫舰系列自 20 世纪 70 年代推出以来便大受西方与第三世界国家的欢迎，成为全世界最畅销的中型作战舰艇。GFC 在 90 年代推出的 MEKO A-100/200 系列，除了保有优秀的模块化设计外，更引进各项最先进的科技，包括外观上最显著的隐身技术。

SIMS-CLASS
西姆斯级驱逐舰（美国）

■ 简要介绍

西姆斯级驱逐舰是美国一系列单烟囱级驱逐舰的最后一型，代表了单烟囱级驱逐舰的最高水平。这级比较成功的驱逐舰，修正了以前几级的缺点，减少了鱼雷发射管，以增设防空武备。该级舰在二战中太平洋和大西洋两条战线都有活跃表现。

■ 研制历程

美国最初的单烟囱级驱逐舰为格里德利级驱逐舰。然而格里德利级驱逐舰却是一型并不成功的驱逐舰，该型驱逐舰只建造了2艘。从1937年开始，美国海军开始建造新一代单烟囱级驱逐舰，这就是西姆斯级驱逐舰。西姆斯级驱逐舰是美国海军在二战爆发前设计制造的最后一款驱逐舰，该级驱逐舰自本哈姆级驱逐舰发展而来，西姆斯级驱逐舰共建造了12艘，其中5艘战沉。

基本参数

舰长	106.15米
舰宽	11米
吃水	4.06米
排水量	1570吨（标准） 2293吨（满载）
航速	37节
续航力	5640海里/12节
舰员编制	251人

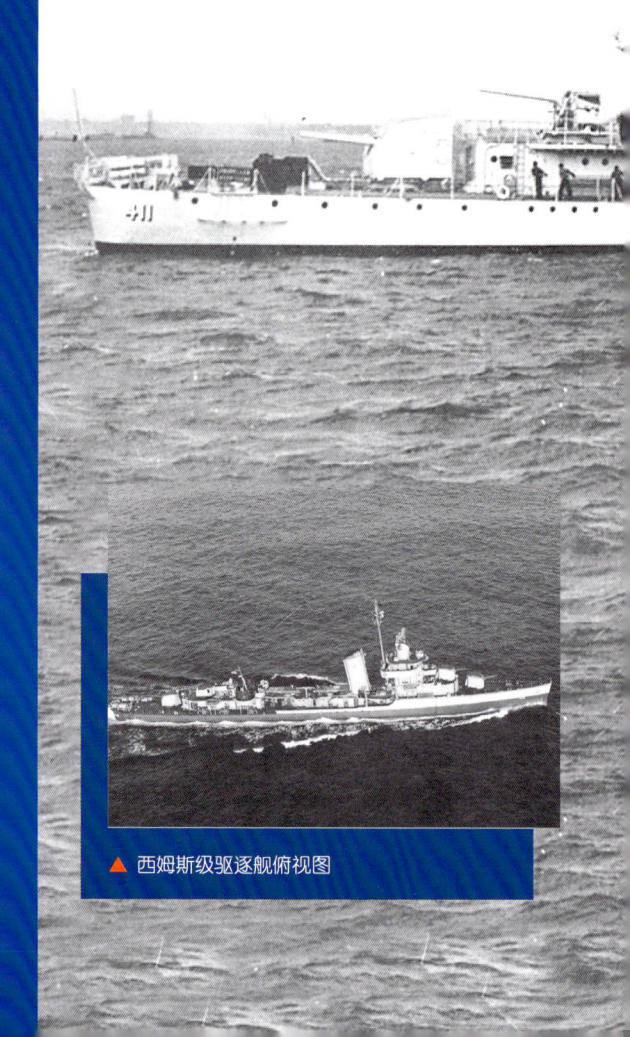

▲ 西姆斯级驱逐舰俯视图

■ 作战性能

西姆斯级驱逐舰装备的武器为4门127毫米单装舰炮，3座四联装533毫米鱼雷发射管，4挺12.7毫米机枪，2条深水炸弹导轨。相比之前的单烟囱级驱逐舰，西姆斯级驱逐舰的改进之处为增加一门主炮，将舰桥装甲增加到13毫米厚。与之相对，西姆斯级驱逐舰将四联装鱼雷发射管减去一座。之前美国两级单烟囱级驱逐舰的共同缺点是稳定性较差。对此，西姆斯级驱逐舰增加了舰宽。但试航结果表明情况仍不理想，于是西姆斯级驱逐舰只好再减少一座四联装鱼雷发射管，并在舰底增加了60吨压载。到战争后期，为了安装雷达和高炮，不得不拆除了一门主炮以增加稳定性。

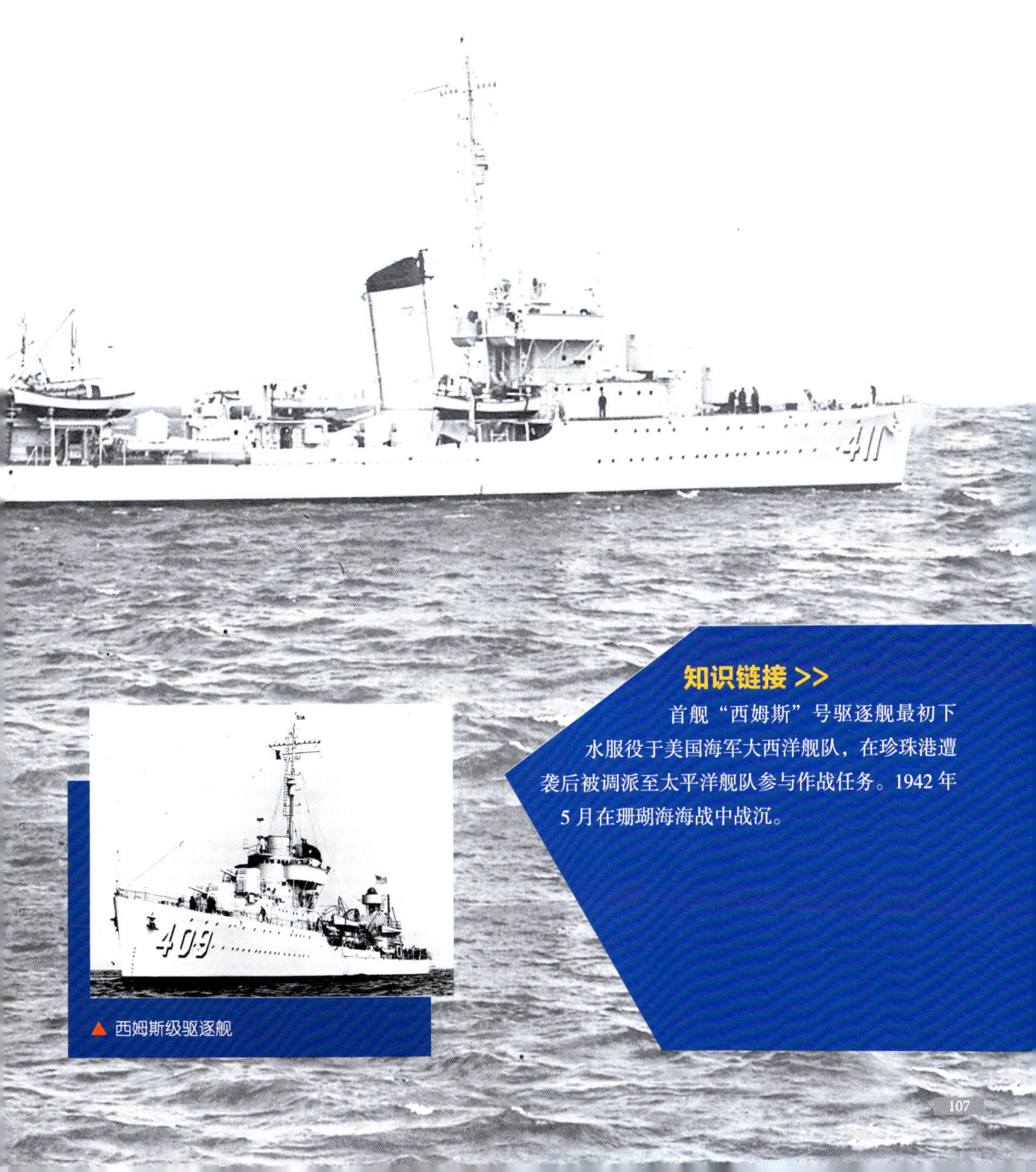

知识链接 >>

首舰"西姆斯"号驱逐舰最初下水服役于美国海军大西洋舰队，在珍珠港遭袭后被调派至太平洋舰队参与作战任务。1942年5月在珊瑚海海战中战沉。

▲ 西姆斯级驱逐舰

BENSON-CLASS
本森级驱逐舰（美国）

■ 简要介绍

本森级驱逐舰是西姆斯级驱逐舰的改良型，最明显的改变是从单烟囱改为两烟囱，而最大改进是动力区的布置，它是第一种采用锅炉舱、机舱交替布置的驱逐舰，这样可以减少军舰一旦受损时动力装置全部失去作用的危险。该级驱逐舰作为美军二战初期的主力，参与了大量的护卫任务。

■ 研制历程

本森级驱逐舰首舰 1938 年开建，1940 年最初的 8 艘本森级完工，但不久海军倾注全力建造弗莱彻级驱逐舰，结果发现建造速度没有预想的那么快，并且出于欧洲战局的发展需要，美军在 1941 年又追加建造本森级舰 24 艘，在 1940—1943 年完工服役，二战中有 3 艘被击沉。

基本参数	
舰长	106.07 米
舰宽	10.82 米
吃水	3.58 米
排水量	1840 吨（标准） 2474 吨（满载）
航速	37.5 节
续航力	6000 海里 / 15 节
舰员编制	276 人

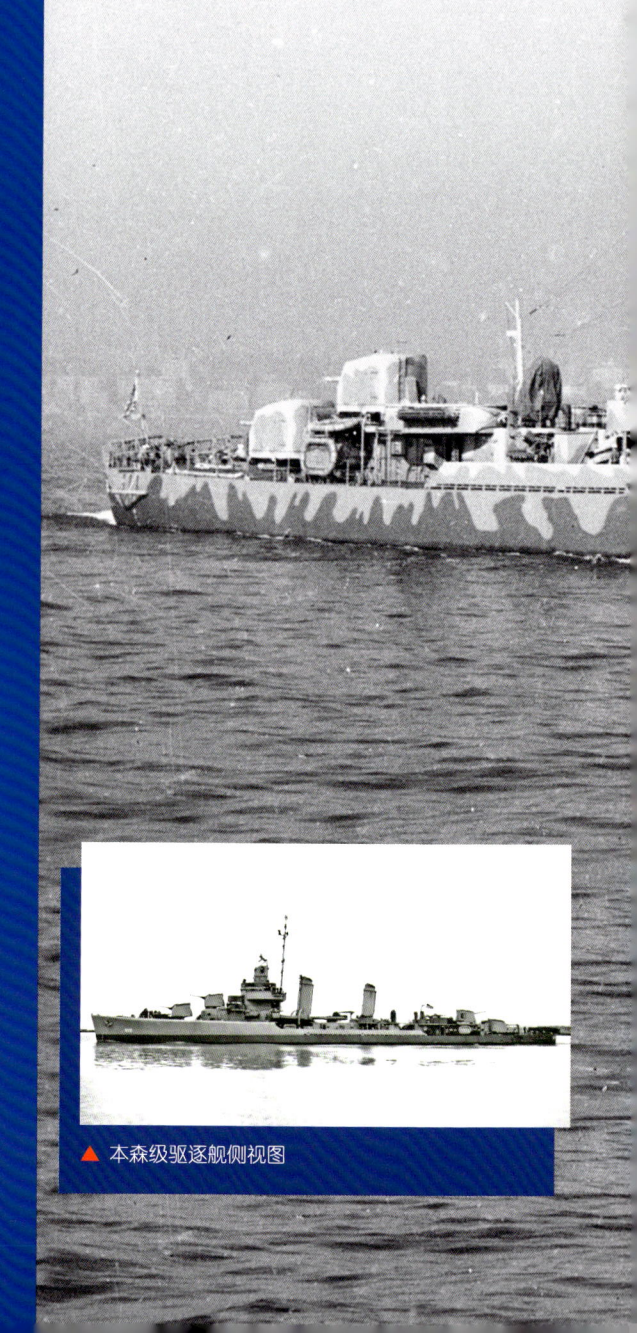

▲ 本森级驱逐舰侧视图

■ **作战性能**

本森级驱逐舰的主炮、鱼雷武器与前几级是相同的，相对于以前的驱逐舰有所简化，但主炮多一座，并且都是单装炮塔式，因此重心过高问题并未完全解决。虽然1942年后主炮减为4门，然而空出部分加装防空武器，因此无法认为重心问题有多少改善。鱼雷从四联装改为五联装，有部分舰艇在大西洋服役时拆除鱼雷管以加强反潜武器来对付德国海军的潜艇，但转移到太平洋战场时又把鱼雷管装回来了。

知识链接 >>

本森级驱逐舰"拉菲"号，以南北战争时期美国海军水手、荣誉勋章授勋者巴特利特·拉菲（1841—1901）命名。1942年11月13日在瓜达尔卡纳尔海战期间战沉。

▲ 本森级驱逐舰俯视图

FLETCHER-CLASS
弗莱彻级驱逐舰（美国）

■ **简要介绍**

弗莱彻级驱逐舰是二战中最著名的驱逐舰，它是二战中后期美国海军驱逐舰队的主力。值得注意的是美国驱逐舰的设计从弗莱彻级开始又回到了平甲板船型的路子上来。二战后，幸存的弗莱彻级进行了改装，部分舰只重新定级为DDE和DDR，20世纪70年代全部退役。有一部分移交其他国家海军。

■ **研制历程**

1940年6月28日，美国海军开出首批7艘弗莱彻级的建造订单，后来又不断追加。在日军突袭珍珠港后，美国海军立即决定增建56艘同级舰，最终弗莱彻级的总建造数量达到了创纪录的175艘。

共有11家造船企业瓜分了175艘驱逐舰的订单，其中包括8家民间船厂和3家海军船厂。以缅因州的巴斯钢铁公司建造数量最多，达到31艘。

基本参数	
舰长	114.8米
舰宽	12米
吃水	5.5米
排水量	2100吨（标准） 3050吨（满载）
航速	37节
舰员编制	353人
动力系统	2台通用电气减速齿轮蒸汽轮机 4台发电机 1台柴油发电机

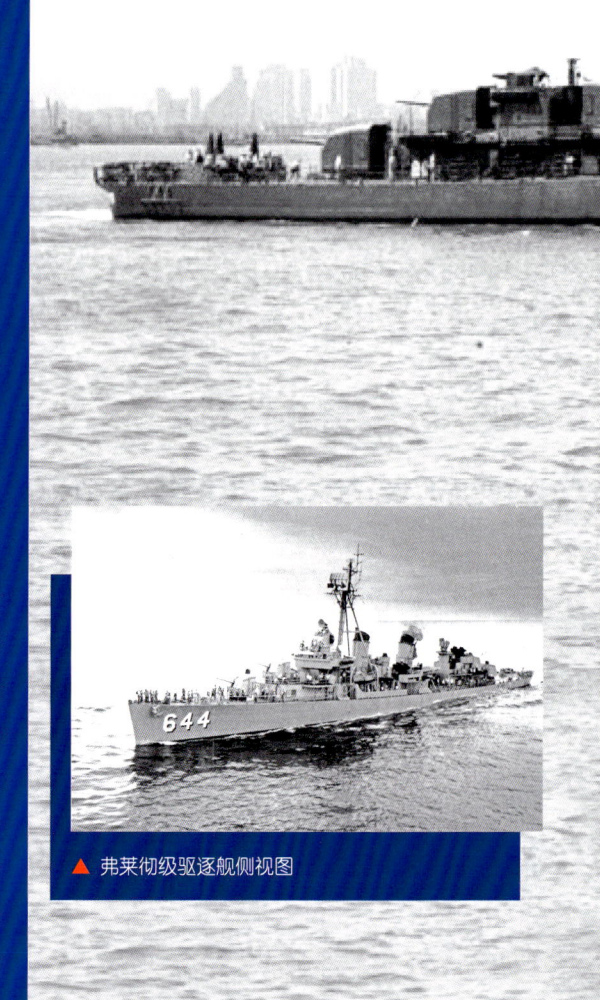

▲ 弗莱彻级驱逐舰侧视图

■ 作战性能

弗莱彻级驱逐舰是美国海军第一级在建造时就安装雷达的驱逐舰，每一艘舰在服役时都配备了完善的雷达系统，包括对空搜索雷达和对海搜索雷达。它的主炮是 5 座单管 127 毫米高平两用炮，五联装 533 毫米发射管 1～2 部用于发射鱼雷，双联 40 毫米"博福斯"机炮 3 座，单管 20 毫米"厄利孔"机炮 7～10 座。

▲ 弗莱彻级驱逐舰俯视图

知识链接 >>

1941 年年底至 1942 年年初，美国海军意识到弗莱彻级的防空武器难以满足未来的防空作战需要，恰逢此时，一位访欧归来的海军工程师报告说瑞典人设计了一种新型机关炮，性能优良，于是美国海军从瑞典博福斯公司购买了一座双联装 40 毫米机关炮进行测试，发现明显优于英美海军的同类武器，很快被确定为新一代标准中近程防空武器。

CHARLES F. ADAMS-CLASS
查尔斯·亚当斯级驱逐舰（美国）

■ 简要介绍

查尔斯·亚当斯级驱逐舰，简称亚当斯级驱逐舰，是美国海军在20世纪五六十年代建造的一型导弹驱逐舰。本级舰应用了在当时非常尖端的技术，具备发射鞑靼人防空导弹和RIM-66标准防空导弹的能力，也是美国海军最后一种使用蒸汽涡轮机为动力的驱逐舰。它代表了20世纪60年代美军舰艇风格，其造型设计与装备配置等与现代的舰艇大致相同，存留了一些二战时代美国驱逐舰的影子。20世纪80年代末期到90年代初期，已经老迈的亚当斯级与同样属于早期导弹驱逐舰的孔茨级陆续退役，接替它们的是配备宙斯盾作战系统的阿利·伯克级导弹驱逐舰。

■ 研制历程

查尔斯·亚当斯级驱逐舰是美国海军在1958年开始建造，截至1967年共建造了23艘。在服役生涯中，历经多次现代化改良工程，例如接受"新威胁提升"改良。该驱逐舰从第一艘"查尔斯·亚当斯"号（DDG-2）到第14艘（DDG-15）均使用MK-10双臂旋转导弹发射器，从第14艘之后，改装MK-13单臂发射器来取代MK-10，该舰之后的9艘（DDG-16～DDG-24）舰也全部改装MK-13导弹发射器。

基本参数	
舰长	133米
舰宽	14米
吃水	4.6米
排水量	3277吨（标准） 4526吨（满载）
航速	33节
续航力	4500海里/20节
舰员编制	310人
动力系统	4台8790千帕锅炉蒸汽涡轮机

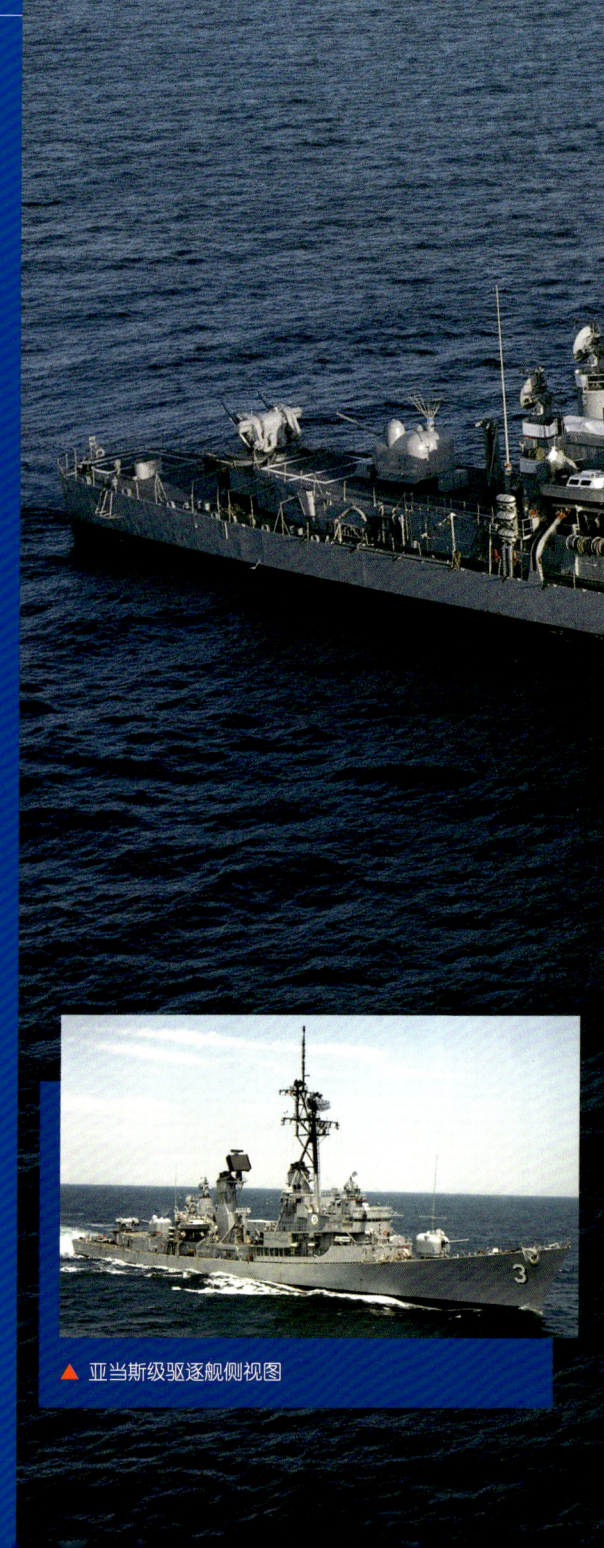

▲ 亚当斯级驱逐舰侧视图

■ 作战性能

武器装备：2门127毫米高平两用炮；1座MK-11双臂旋转导弹发射器，发射"鞑靼人"或"标准"防空导弹，载弹40枚，可再装填；1座八联装MK112导弹发射器，发射"阿斯洛克"反潜导弹，载弹40枚，可再装填；6座三联装324毫米鱼雷发射管，发射MK32反潜鱼雷。

电子设备：TDS战术指挥系统；"塔康"战术导航系统；WSC33卫星通讯；它的三坐标雷达是远程SPS-39型，导航雷达是LN-66型，对海搜索雷达是SPS-10型，导弹制导雷达是SPG-51C型，炮瞄雷达是SPC-53A型。另有AN/SQS-23声呐系统1套。

知识链接 >>

亚当斯级驱逐舰共建造23艘，其中有6个号码是空号，因为澳大利亚与联邦德国也先后各采购3艘该型舰。依照惯例，外销他国的军舰，即使买主使用自订的编号，照样排入美国海军本身同类舰艇的序号。因此澳大利亚采购的3艘被美国海军编号为DDG-25～DDG-27，而3艘售予联邦德国的则占用了DDG-28～DDG-30。

▲ 亚当斯级驱逐舰前视图

FARRAGUT-CLASS
孔兹级导弹驱逐舰（美国）

■ 简要介绍

孔兹级导弹驱逐舰，该级在国外一般称为法拉古特级，因为该级首舰是"法拉古特"号。该级前三艘服役之初都是全火炮的原始设计，第4艘"孔兹"号开始使用导弹，因此也被称为孔兹级。前三艘不久后也改装导弹，是美国建造的世界上第一代装备导弹的大型驱逐舰。该舰由火炮驱逐舰改进而来，而且舰体尺寸也不够大，显得续航能力不是很足。但是该舰以较低的成本实现了相当的战斗力。

■ 研制历程

冷战开始后，世界海战格局出现巨大变化，苏联海军率先装备了反舰导弹，这对于美国海军构成了巨大的威胁，为了应对苏联的反舰导弹，美国海军急需一种能够装备防空导弹的战舰。孔兹级驱逐舰就是在此时临危受命，成了美国第一种导弹驱逐领舰（DLG）。

"孔兹"号于1957年开工建造，1958年下水，1960年服役。本级舰共建造了10艘。

基本参数	
舰长	156.3米
舰宽	16米
吃水	7.1米
排水量	4580吨（标准） 6150吨（满载）
航速	33节
续航力	5000海里/20节
动力系统	4台蒸汽轮机

▲ 孔兹级导弹驱逐舰侧视图

■ **作战性能**

孔兹级导弹驱逐舰装备有一门 127 毫米的 Mk42 型舰炮，该炮采用双路供弹，由两个弹鼓、两个下扬弹机和一个上扬弹机组成。该舰的主要反潜设备是一座八联装的"阿斯洛克"反潜导弹，位于主炮后的一个平台上。最早使用的防空导弹是 RIM-2"小猎犬"，这种导弹采用乘波制导，最大速度达到 612 米/秒，最大射程为 19 千米，在服役期间，导弹相继升级为 RIM-2C、RIM-2E、RIM-2F。到 RIM-2F 时其制导方式已经改进为雷达半主动制导，射程达到 75 千米。之后，孔兹级导弹驱逐舰相继升级成了"标准"导弹，也更新了一系列的软硬件，升级之后的孔兹级一直服役到 20 世纪 90 年代才相继退役。

▲ 航行中的孔兹级导弹驱逐舰

知识链接 >>

"阿斯洛克"反潜导弹（ASROC）是一种全天候、全海况反潜导弹系统。由美国海军在 20 世纪 50 年代开发，并在 20 世纪 60 年代部署，20 世纪 90 年代更新升级，最终安装在超过 200 艘美国海军水面舰艇，包括巡洋舰、驱逐舰和护卫舰。它已部署在加拿大、德国、意大利、日本、希腊、巴基斯坦和其他海军的军舰上。

SPRUANCE-CLASS
斯普鲁恩斯级驱逐舰（美国）

■ 简要介绍

斯普鲁恩斯级驱逐舰是美国海军的一型多用途导弹驱逐舰。开始它的主要任务是反潜，但在后续改进中成为反舰、防空和反潜的多功能大型舰队驱逐舰。斯普鲁恩斯级被要求以有限的经费尽可能增加建造数量，虽然是一种大且耐航性极佳的驱逐舰，但却只配置了少量的武器，与其舰身大小并不匹配。它是美国海军建造的第一种全面采用模块化设计建造的舰艇，也是第一种在设计之初就采用全燃气轮机推进的大型舰船，完全摆脱了先前的设计，是美国造舰史上的一大里程碑。

■ 研制历程

20世纪60年代末期，美国为了与苏联海军争夺海上霸权，美海军提出研制斯普鲁恩斯级驱逐舰。

首舰被美国海军命名为"斯普鲁恩斯"号。1969年7月完成合同设计。首舰1972年11月开工建造，1973年11月下水，1975年9月服役。斯普鲁恩斯级驱逐舰共建造了31艘，第31号舰于1983年3月服役。

■ 作战性能

斯普鲁恩斯级驱逐舰的舰载武器有MK45型单管127毫米54倍径主炮两座；副炮为两座MK16型20毫米机炮；一座八联装北约MK29"海麻雀"防空导弹发射架，带弹24枚；一座八联装"阿斯洛克"反潜导弹发射架，带弹24枚；两座四联装"鱼叉"反舰导弹发射架；两座MK32三联装鱼雷发射管，带弹14枚。干扰系统有SLQ32v电子战系统、T-MK6鱼雷欺骗装置、4座MK36干扰火箭发射器。舰载直升机为2架SH-60B直升机。

基本参数	
舰长	171.6米
舰宽	16.76米
吃水	8.84米（满载）
排水量	7700吨（改装前） 8040吨（改装后）
航速	33节
续航力	6000海里/20节
舰员编制	240人（改装前） 339人（改装后）
动力系统	4台LM2500燃气轮机

▲ 斯普鲁恩斯级驱逐舰发射反舰导弹

知识链接 >>

雷蒙德·阿姆斯·斯普鲁恩斯（1886—1969）是二战时期美国海军上将，任第五舰队司令。他是中途岛、马里亚纳历次海战的胜利者，被称为沉默的提督，美国海军中最聪明的人，海军上将中的上将。他总是把一切的功劳归于他的部下，所以在公众面前，他变得最不出名，但他赢得所有知道他的人的尊敬。

KIDD-CLASS
基德级驱逐舰（美国）

■ 简要介绍

基德级驱逐舰是美国海军隶下的一型驱逐舰。本级舰以斯普鲁恩斯级驱逐舰的舰体为基础建造，结合了弗级尼亚级巡洋舰的作战系统与斯普鲁恩斯级驱逐舰的反潜作战能力，外形与斯普鲁恩斯级驱逐舰相似，增大了排水量并提高了作战系统性能，但却没有后者强大的进攻能力。

■ 研制历程

基德级驱逐舰原本是由穆罕默德－礼萨·巴列维国王时代的伊朗王国订购，根据伊朗方面的需求，是以斯普鲁恩斯级驱逐舰的舰体为基础，减少部分反潜功能，并增强防空能力所演进出来的导弹驱逐舰系列，伊朗将其称为居鲁士级（Cyrus）。舰上装备"标准"防空导弹系统替换了斯普鲁恩斯级的近程防空导弹，以提供伊朗方面较为强大的防空能力。根据1974年签订的合约共建造4艘，由美国英戈尔斯造船厂建造，首舰1978年6月开工。该级舰于1981年开始在美国海军服役，并根据首号舰的舰名命名为基德级。

基本参数	
舰长	172米
舰宽	17米
吃水	8米
排水量	7000吨（标准） 9600吨（满载）
航速	33节
续航力	6000海里/20节
舰员编制	346人
动力系统	4台LM2500-30型燃气轮机

■ **作战性能**

基德级驱逐舰的舰体与动力系统基本设计与斯普鲁恩斯级驱逐舰相同，但基德级在舰体侧舷与若干重要部位增加"凯夫拉"或铝质装甲，因此排水量比斯普鲁恩斯级舰大。基德级与斯普鲁恩斯级舰最主要的区别在作战装备，与斯普鲁恩斯级舰以反潜为主要任务不同，基德级主要以防空为主要任务。最主要的武器为两具 MK-26 双臂防空导弹发射器。仍沿用美国海军制式的 MK-45 型 127 毫米舰炮。舰艇的 MK-26 可装填 16 枚"阿斯洛克"反潜导弹，使该级舰仍然具备较强的中远程反潜能力。

知识链接 >>

基德级驱逐舰被视为斯普鲁恩斯级驱逐舰的准姊妹舰，生产序号就依照斯普鲁恩斯级的建造顺序，接在第 30 艘"佛莱彻"号后面。这就是为何最后一艘斯普鲁恩斯级驱逐舰编号为 DD-997 的缘故。1998—1999 年间从美国海军中陆续提前退役封存，2003 年又启封整修，并开始出售到其他的国家和地区。

▲ 基德级驱逐舰后视图

ARLEIGH BURKE-CLASS
伯克级驱逐舰（美国）

■ 简要介绍

伯克级驱逐舰，全称阿利·伯克级驱逐舰，是美国海军主力。本级舰以宙斯盾战斗系统 SPY-1D 被动相控阵雷达，结合 MK-41 垂直发射系统，将舰队防空视为主要作战任务，是世界上最先配备四面相控阵雷达的驱逐舰。伯克级掀起了世界防空驱逐舰发展的新篇章，尔后世界各国发展的新锐防空驱逐舰无一例外都借鉴了伯克级的设计思想。现役已有68艘，还在建造中，使得伯克级成为世界上最新锐、最先进、战斗力最为全面的驱逐舰，也是世界上建造数量最多的现役驱逐舰。

■ 研制历程

1981年里根政府上台，美国扩大海军建设，制订著名的"600艘舰艇"大海军计划。在这一计划下，海军防空舰艇的缺口已显现，如不能在80年代中期推出新一代导弹驱逐舰，随着现役老舰退役，舰队护航兵力将出现空白期，于是造舰计划开始提速。新驱逐舰的设计由美国海军海上系统司令部负责，同时将项目更名为DDG-51。1991年7月4日，首舰在美国国庆日进入美国海军服役。

基本参数	
舰长	153.77米
舰宽	20.4米
吃水	6.3米
排水量	6624吨（标准） 8315吨（满载）
航速	31节
续航力	4200海里/20节
舰员编制	337人
动力系统	4台LM-2500燃气涡轮

▲ 发射导弹

■ 作战性能

伯克级驱逐舰是第一艘采用隐身设计的美国军舰。舰载武装有1门MK-45型127毫米54倍径舰炮（DDG-51~DDG-80），1门MK-45型127毫米62倍径舰炮（DDG-81起）；12组八联装MK-41垂直发射系统，可装填"标准"SM-2防空导弹、"战斧"巡航导弹、垂直发射火箭助飞鱼雷（VLA），Flight 2A可装填"改进型海麻雀"ESSM短程防空导弹（DDG-82起）；2组四联装MK-141"鱼叉"反舰导弹发射器；2套MK-15密集阵近程防御武器系统（CIWS）（DDG-51~DDG-83）；2门MK-38 Mod1 25毫米机炮；4支M-2"勃朗宁"12.7毫米机枪；2套MK-38 Mod2 25毫米遥控机炮系统（GWS）（DDG-104~DDG-112）；2部三联装324毫米MK-32鱼雷发射装置。

▲ spy-1 相控阵雷达

知识链接 >>

伯克级是美国第一种采用隐身设计的军舰。伯克级的上层结构向内倾斜收缩以降低雷达散射截面积，舰体一些垂直表面涂有雷达吸收涂料。但是伯克级仍然有许多造型比较复杂的结构，甲板上的各种装备也没有加以隐藏或采取其他隐身措施。除了雷达隐身外，伯克级也在抑制红外线信号和噪声方面采取了一定的措施。由于设计时间较早，伯克级舰体设计已落后于现今一些新锐驱逐舰。

USS CHUNG-HOON
"钟云"号导弹驱逐舰（美国）

■ 简要介绍

"钟云"号导弹驱逐舰是美国海军62艘阿里·伯克级驱逐舰当中的第43艘，也是伯克级改进型（Flight II A）的第15艘。它装备有第7代宙斯盾防空作战系统，是一种多用途舰只，能够执行和平时期的常规任务、危机管理时候的海上控制与部队投送等多种作战任务；能够同时进行防空作战、水面作战及反潜作战。该舰为纪念前华裔美国海军少将葛登·派伊亚·钟云而命名。

■ 研制历程

1998年3月6日，美国海军与诺斯罗普·格鲁曼公司签订伯克级DDG-93舰建造合同；2000年10月10日，当时的海军司令丹泽宣布将以"钟云"的名字为该艘驱逐舰命名；2001年1月17日，在诺·格公司英格尔斯舰船部密西西比州帕斯卡古拉船厂开始建造；2002年1月14日，进行龙骨安放仪式；2002年12月15日，"钟云"号下水；2003年1月11日，进行正式命名仪式，随后进行航行测试以及船员训练；2004年5月24日，诺·格公司向美海军交付"钟云"号；2004年9月10日，结束集训返回夏威夷母港；2004年9月18日，进行正式服役仪式；2005年9月，"钟云"号部署至西太平洋，正式执行任务。

基本参数	
舰长	155.3米
舰宽	20.4米
吃水	6.3米
排水量	9238吨
航速	31节
续航力	4200海里/20节
动力系统	4具LM-2500-30燃气涡轮

▲ "钟云"号导弹驱逐舰主炮射击

■ 作战性能

"钟云"号导弹驱逐舰使用的是宙斯盾作战系统 Baseline7.1 版，配置2组 MK-41 VLS，舰艏仍维持4组八联装，而后部8组八联装 VLS 则位于机库结构的 02 甲板。近防方面，删除密集阵近程防御系统，改用 ESSM 舰空导弹。继续使用 SQS-53C 舰艏声呐。舰炮火控系统引入了美国科尔摩根 MK-46 Mod1 光电火控系统，由 CIC 的 AN/UYQ-70 显控台控制，能监视海面、全天候识别不明目标并控制火炮进行攻击。设2个直升机库和直升机安全回收与搬运系统。

被动防护设计方面，伯克 Flight 2A 增加了5个强化防爆隔舱，减缓反舰导弹爆炸时带来的超压破坏。损管方面，伯克 Flight 2A 以一套全新的综合生存管理系统（ISMS）来取代原本的旧式损管修复控制台；新的 ISMS 采用商规加固计算机科技，在损管中心、舰桥与作战指挥中心都设有工作站，使损管作业时舰桥、作战指挥中心与损管中心的通信联系更为迅速可靠，都能监看全舰整体损害与控制状况。

▲ "钟云"号导弹驱逐舰回港接受洗礼

知识链接 >>

钟云（1910—1979），美国海军少将，原籍广东中山，生于美国夏威夷檀香山市，他有 1/4 华人血统。1934 年 5 月毕业于美国海军军官学校，1944 年 5 月被任命为弗莱彻级"西格斯比"号舰长。他率舰参与当时美军在太平洋的"逐岛"作战，成为美国海军一代名将。荣获海军十字勋章、银星勋章等。

ZUMWALT-CLASS
朱姆沃尔特级驱逐舰（美国）

■ 简要介绍

朱姆沃尔特级驱逐舰是美国海军新一代多用途对地打击宙斯盾舰。本级舰从舰体设计、电机动力、指管通情、网络通信、侦测导航、武器系统等方面，都是美国全新研发的尖端科技结晶，展现了美国海军的科技实力。

■ 研制历程

1992年10月，美国提出"21世纪驱逐舰技术研究"，其概念随后被纳入美国海军新一代水面作战舰艇框架之中，最终于1998年1月正式立项。

美国海军考虑到这是一种革命性的崭新舰艇，为了降低风险，1998年6月18日宣布，参与厂商必须组成两个造舰团队，每个团队各由一家造船厂与一家系统承包商主导，而两个团队分别是由亨廷顿·英格尔斯造船厂、雷神公司、波音公司组成的金队，以及通用BIW、洛马组成的蓝队，金与蓝是美国海军制服的颜色之一。最后由亨廷顿·英格尔斯造船厂、雷神公司、波音公司夺标。

首舰"朱姆沃尔特"号2008年10月开始建造，2016年10月15日正式服役。

基本参数

舰长	182.8米
舰宽	24.1米
吃水	8.1米
排水量	14564吨（满载）
航速	30节
舰员编制	140人
动力系统	2台Rolls Royce MT-30燃气涡轮机发电机组 2台Rolls Royce 4500燃气涡轮发电机组 2台永磁电进电机

▲ 朱姆沃尔特级驱逐舰攻击想象图

■ **作战性能**

　　朱姆沃尔特级驱逐舰以对地攻击任务为主，采用联合防务公司、雷神公司新开发的周边垂直发射系统（AVLS）以及联合防务公司的155毫米先进舰炮系统（AGS）。配备数种垂直发射的对地攻击导弹，包括"战斧"巡航导弹、战术型"战斧"巡航导弹（TACTOM）、对地型标准导弹（LASM）、先进对地导弹（ALAM），涵盖不同等级的射程范围并满足不同的需求。其中除了"战斧"巡航导弹是现役装备外，后三种仍在研发阶段。

知识链接 >>

　　朱姆沃尔特级驱逐舰革新技术的比例过高，集各种高科技于一身而导致成本持续飙涨。虽然建造设计先进，但付出天价换来的实质作战效益却没有那么显著，性价比太低，加上美国海军重新调整海上战略，美国宣布朱姆沃尔特级驱逐舰在建造完成3艘后就不再生产。

▲ 朱姆沃尔特级驱逐舰攻击想象图

TYPE 61 KASHIN-CLASS
61型卡辛级驱逐舰
（苏联/俄罗斯）

■ 简要介绍

61型驱逐舰，北约代号为卡辛级，是苏联20世纪50—60年代建造的大型导弹驱逐舰，亦是世界上首级完全依靠燃气轮机推进的战舰。本级舰共8艘，退役后5艘卖给印度，1艘卖给波兰，目前俄黑海舰队还有2艘在役，分别是"机灵"号和"敏捷"号。"镇静"号是该级舰的最后一艘，也是唯一一艘设有直升机平台的本级舰。

■ 研制历程

61型驱逐舰从1959年开始建造，一共建造了8艘，1962年开始陆续服役。苏联曾对卖给印度的5艘本级舰进行改装，第一艘1980年9月交货，第二艘1982年6月交货，第三艘1983年交货，第四艘1986年8月交货，第五艘1988年1月交货。"敏捷"号1994年退役，但1997年又重新服役，进行了改造，用406毫米鱼雷发射管和后部可变深度声呐取代了后舰炮，用SS-N-25导弹取代了533毫米鱼雷发射管，以代替1997年8月在塞瓦斯托波尔附近沉没的"快速"号。

基本参数

舰长	144米
舰宽	15.8米
吃水	4.7米
排水量	4010吨（标准） 4750吨（满载）
航速	32节
续航力	3400海里/18节 1520海里/32节
舰员编制	320人
动力系统	4台DE59型燃气轮机

▲ 61型驱逐舰侧视图

■ **作战性能**

　　舰载武器方面，4座SS-N-2C"冥河"舰对舰导弹发射装置（"镇静"号），2座双联装SA-N-1"果阿"舰对空导弹发射装置，2座双联装76毫米60倍径火炮，1座五联装533毫米两用鱼雷发射管，2座RBU6000型12管回转式反潜深弹发射装置，4座16管箔条弹发射装置（61M型）。2个拖曳鱼雷诱饵。2部"罩钟"、2部"座钟"（"镇静"号）和2部"警犬"（"敏捷"号）电子对抗设备。

　　电子设备方面，火控：3部"T形柱"和4部"倾壶"光电指挥仪。雷达：对空/对海搜索："顶网"C三坐标雷达；"大网"雷达。导航：2部"顿河"/"棕榈叶"雷达。声呐："公牛鼻"或"狼爪"主动搜索与攻击舰壳声呐；"牝马尾"可变深搜索声呐（"镇静"号）。

知识链接 >>

　　苏联卖给印度的5艘61型驱逐舰分别是"拉吉普特"号，原"纳迪奥兹尼"号于1980年入役；"拉纳"号，原"古比提耶尼"号于1982年6月入役；"兰吉特"号，原"洛夫级"号于1983年入役；"兰维尔"号，原"提奥迪"号于1986年8月入役；"兰维杰"号，原"托尔科维"号于1988年1月入役。

TYPE 1155 UDALOY-CLASS
1155型无畏级反潜舰
（苏联/俄罗斯）

■ 简要介绍

1155型反潜舰，北约将本级舰直接称为无畏级驱逐舰，是俄罗斯（苏联）建造的以反潜为主要任务的大型舰艇，北约将其划为驱逐舰种，在俄罗斯（苏联）海军中作为一种独立的舰种——大型反潜舰。本级舰以舰队远洋作战为主要职责，为舰队提供反潜保障，并可执行攻势反潜，无远程反舰能力，旨在配合956型驱逐舰，分任反潜、反舰任务。

■ 研制历程

鉴于1135型反潜舰在地中海危机中所暴露出的反潜能力不足等问题，亦为了与美国海军竞争，苏联提出了所谓的"1加1大于2"的思想，研制一级与美国海军斯普鲁恩斯级驱逐舰（DD963）相当的大型导弹舰，即由1155型负责反潜和防空，956型驱逐舰负责反舰。苏联海军认为这样搭配起来的两艘军舰在火力上将压倒美国海军的两艘斯普鲁恩斯级驱逐舰。

首舰"无畏"号1976年4月14日加入苏联海军建造序列，1977年7月23日在加里宁格勒州的杨塔尔造船厂开工，1980年2月5日下水，1980年12月31日服役。1981年1月24日加入北方舰队。本级舰一共建造了13艘。

基本参数	
舰长	163.5米
舰宽	19.3米
吃水	7.79米
排水量	6930吨（标准） 7570吨（满载）
航速	35节
续航力	4500海里/18节
动力系统	2台高速燃气轮机 2台低速燃气轮机

■ 作战性能

1155型反潜舰以反潜为最主要的武装，早期舰只为2座URPK-3型四联装箱式反潜导弹发射装置，布置于舰桥两侧的左右舷，发射85R型反潜导弹，射程55千米，每座配弹4枚，战斗部为AT-2UM型反潜鱼雷，又名E53-72。20世纪80年代新建舰只和原有舰只都换装UPK-5型反潜反舰两用导弹系统（北约代号：SS-N-14"石英"），原有老舰也换装为该型号。

知识链接 >>

SS-N-14"石英"反舰/反潜导弹，苏联称之为"暴雪 M RPK-3／4 反潜系统"，是苏联彩虹设计局于 20 世纪 60 年代研制的舰载反潜飞航式导弹，1969 年开始装备部队。1984 年经过改进的 RPK-5 系统正式入役，北约仍称之为 SS-N-14，但增加了反舰功能，反舰战斗部改进为 85RU，反潜战斗部为 UMGT-1 型 400 毫米鱼雷。

改型导弹系统发射架型号为 KT-100，使用 85RU 型导弹，战斗部为 UMGT-1 型 400 毫米鱼雷，又名 E45-75A。为了摧毁水面舰艇，改型导弹还可以配备热寻的导引头，在火箭吊舱里装备烈性炸药，作为反舰导弹使用。为了可以同时攻击水下和水面目标，两种配置的导弹一般一座发射架里各配备两枚。

TYPE 956 SOVREMENNY-CLASS
956型现代级驱逐舰
（苏联/俄罗斯）

■ 简要介绍

956型驱逐舰，北约称为现代级驱逐舰，1999年售予中国两艘，2001年中国追加两艘现代级改良型（956EM型），北约以其首舰"杭州"号称之为杭州级驱逐舰。956型驱逐舰与无畏级经常被拿来与美国的斯普鲁恩斯级驱逐舰相提并论，象征着美苏两强海军驱逐舰大型化的趋势。956型驱逐舰与勇敢级更是苏联海军第一次明确在远洋舰队中采用单一任务、一同编组运用的概念。956型驱逐舰堪称20世纪80年代苏联海军驱逐舰中反舰与防空战力最强者，整体尺寸、适航性、生存性、火力等都超过之前建造的1134型巡洋舰。

■ 研制历程

20世纪70年代后期，苏联开始规划两种大型驱逐舰，以辅助苏联主力水面战斗群，第一种是满载排水量高达8200吨的1155型驱逐舰；第二种则是用来辅助1155型的956型导弹驱逐舰。首艘956型于1976年开工建造，1978年11月下水，1980年12月成军。苏联海军一共规划建造20艘以上的956型。1991年，总共有14艘956型完工服役，随后到1993年年底又有3艘经过改良的956A加入俄罗斯海军。

基本参数	
舰长	156.5米
舰宽	17.2米
吃水	6.25米
排水量	6500吨（标准） 7940吨（满载）
航速	31节
续航力	4500海里/18节
舰员编制	348人
动力系统	4座KB-4高压蒸汽锅炉 2座GTZA-67蒸汽涡轮

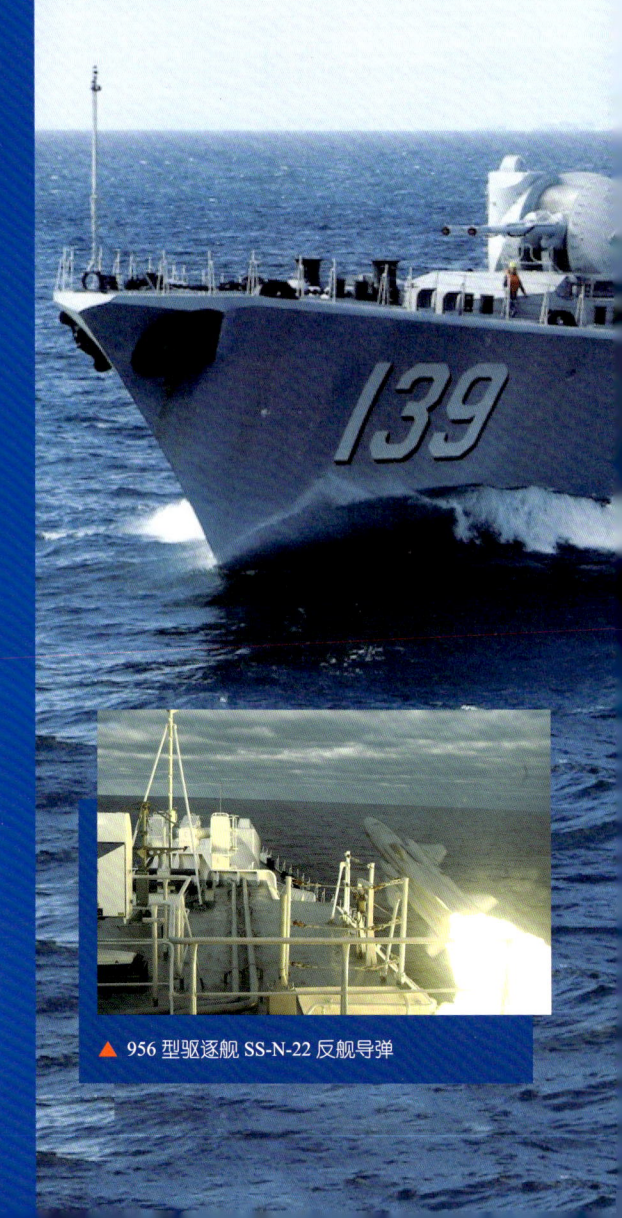

▲ 956型驱逐舰SS-N-22反舰导弹

作战性能

956 型驱逐舰最重要的武器是位于舰桥前方两侧的两组 KT-190E 四联装 P-100 "白蛉"（Moskit）超音速反舰导弹发射装置，北约代号 SS-N-22。其主要防空武装是 Shtil-1 防空导弹系统，是陆基 SA-11 防空导弹系统的海上版，于 1983 年服役，采用半主动雷达导引机制。

956 型驱逐舰的舰艏与舰艉各装有一门双联装 130 毫米 70 倍径的 AK-130 舰炮，这是冷战时代除了依阿华级战列舰的 406 毫米巨炮之外，世界上口径最大的舰炮，由 MR-184 火控雷达指挥、战情室直接遥控，也能选择以炮塔右上方的光电瞄准装置进行火控。

知识链接 >>

俄罗斯 AK-130 多用途双管舰炮由圣彼得堡的阿美第斯特设计局和弗伦泽军火设计局共同设计制造。全重 94 吨，最大射程 29.5 千米，最大射高 20 千米。该系统包含一套带电视和电子瞄准装置的电脑控制系统。火炮既可全自动射击，也可全手动模式射击。即使在强烈干扰或舰队、电子系统战损的情况下，双管舰炮也具有极高的射击精度和很高的可靠性。

▲ 956 型驱逐舰俯视图

HMS GLOWWORM
"萤火虫"号驱逐舰（英国）

■ **简要介绍**

"萤火虫"号驱逐舰是英国皇家海军的一艘G级驱逐舰。它建造于20世纪30年代中期。参加了1936—1939年间的西班牙内战，二战爆发后，它又参加了挪威战役。战斗中，它在全舰着火的情况下仍不放弃，让德舰海耶舰长对皇家海军留下深刻的印象，也诠释了英国皇家海军逢敌必战的传统。

■ **研制历程**

根据1933年建造计划，英国皇家海军于1934年3月5日与汉普郡伍尔斯顿的桑尼克罗夫特公司造船厂签订制造合同。"萤火虫"号驱逐舰于1934年8月15日开工，1935年7月22日下水，1936年1月22日完工。入役后，"萤火虫"号被分配到地中海舰队第1驱逐舰支队。

■ **作战性能**

"萤火虫"号驱逐舰上装备有4门单管120毫米口径Mk.IX火炮，2部4联装13毫米口径防空机枪。"萤火虫"安装的是五联装的PR Mk.I型鱼雷发射管，与其他同级舰四联装Mk.VIII型鱼雷发射管不同。深弹武器则备弹20枚，分别配备给1部深弹滑轨和2部投放装置。

基本参数	
舰长	98.5米
舰宽	10.1米
吃水	3.8米
排水量	1370吨（标准） 1913吨（满载）
航速	36节
续航力	5530海里/15节
动力系统	2台帕尔森蒸汽轮机 3台水管式锅炉

▲ 杰拉德·布罗德米德·鲁普少校，战后被追授维多利亚十字勋章

■ 实战表现

西班牙内战期间，"萤火虫"号驱逐舰在西班牙水域执行英国和法国对内战双方施加的武器禁运。二战开始后不久，"萤火虫"号从地中海舰队调到不列颠群岛为海运护航。1940年3月，"萤火虫"号调到本土舰队，并赶上了挪威战役。4月8日，"萤火虫"号在演习行动中与德国驱逐舰相遇。在海战中，"萤火虫"号受重创，但仍努力向德舰发射鱼雷。最终两艘舰船相撞，"萤火虫"号的舰艏折断，不久后爆炸沉没。

▲ "萤火虫"号驱逐舰着火沉没

知识链接 >>

G级驱逐舰是英国皇家海军根据1933年造舰计划设计建造的一型标准型驱逐舰，H级随后于1934年下了订单，两级舰共建成24艘，1936年开始服役，二战期间共损失了16艘。从本质来看，G级和H级驱逐舰可以说是F级驱逐舰的延续，由于取消了巡航涡轮机，其主尺寸也略有缩小。

TRIBAL-CLASS
部族级驱逐舰（英国）

■ 简要介绍

部族级驱逐舰是二战中英国皇家海军著名的一级驱逐舰，其设计目的是为了对抗其他国家的大型驱逐舰。以往英国海军建造的驱逐舰，每一级都造一艘尺寸、排水量较大，装备不同武器的舰只作为驱逐领舰，而部族级取消了这个做法，领舰与其余舰只在尺寸、排水量和武备上无任何差别，仅在舰员编制上有所不同。值得一提的是，部族级的设计师科尔还考虑到舰艇的外观，他认为一艘漂亮的军舰会提高舰员的自豪感。许多人认为部族级是二战中最漂亮的英国驱逐舰。部族级驱逐舰于1938年开始服役，长年奋战在艰苦的第一线。在英国海军中服役的16艘部族级，战争结束时只剩下4艘。

■ 研制历程

20世纪30年代初，英国海军发觉其舰队的驱逐舰标准已经落后于其他国家服役的新型驱逐舰。1935年11月，海军部批准了新型驱逐舰的设计方案。

1936年6月9日，最初两艘部族级"阿弗利蒂人"号和"哥萨克人"号铺下龙骨。

基本参数

舰长	115.06米
舰宽	11.13米
吃水	3.34米
排水量	1959吨（标准）
航速	36节
续航力	5500海里/15节
舰员编制	219人
动力系统	3座海军型三锅筒式锅炉 2台帕森斯齿轮传动式蒸汽轮机

▲ 119毫米双联装炮

■ 作战性能

部族级驱逐舰的主炮为双联 120 毫米舰炮 4 座（加拿大的 3 座）；反潜武器为四联 533 毫米鱼雷发射管 1 部；防空兵器为四联 40 毫米高射炮 1 座，四联 12.7 毫米机枪 2 座；反潜兵器为深水炸弹投掷槽 2 座。

1940 年的挪威战役中显示出部族级仅有 40° 仰角的主炮防空能力低下，尤其是在面对俯冲轰炸机时更严重，而轻型防空武器的缺点也全部暴露出来。根据战场经验，部族级在整修时陆续将 X 炮位的 119 毫米双联主炮换成双联装 101 毫米 Mk XIX 型火炮，这种火炮的最大仰角为 80°，在远程防空方面是一种相当有效的武器。当有足够的雷达提供时，部族级也装上了雷达。

▲ 部族级驱逐舰主炮

知识链接 >>

1942—1945 年间，澳大利亚建成了 3 艘部族级，建造前根据实际的经验改进了设计。之后，加拿大也订购了 8 艘改进型的部族级，其中 4 艘于 1942—1943 年间在英国建成，另外 4 艘于 1945—1948 年间在加拿大本土建成。

WEAPON-CLASS
兵器级驱逐舰（英国）

■ 简要介绍

兵器级驱逐舰是英国皇家海军的一种驱逐舰。它是英国庞大的战时应急驱逐舰计划结束后皇家海军建造的第一批传统型驱逐舰，计划与稍后投入建造的战斗级驱逐舰形成搭配。舰上采用两台独立的福斯特-惠勒型水管锅炉的设计，再次回到了双烟囱布局，这也是自1936年部族驱逐舰后，首次回归设计。不过与战前的双烟囱设计有所不同的是，兵器级前烟囱呈弯鼻形，从格子前桅中间伸出，排烟口朝后，呈烟蒂状的后烟囱则位于2部鱼雷发射管之间，这种古怪的烟囱造型对后来欧洲各国的水面舰艇设计都产生了一定影响。

■ 研制历程

随着二战进程的推进，轴心国的颓势已十分明了，大战的结束指日可待。面对这种局面，英国皇家海军提出了一种防空和反潜能力并重，并能在小型造船厂方便建造排水量较小的新型驱逐舰，这就是兵器级驱逐舰诞生的背景。

兵器级驱逐舰原计划建造20艘。由于大战的结束，最终仅完工5艘，服役4艘，后来经过一定程度的现代化改装，20世纪60年代全部退役。

基本参数	
舰长	111米
舰宽	12米
吃水	4.4米
排水量	2012吨（标准） 2870吨（满载）
航速	31节
续航力	5000海里/20节
动力系统	2座福斯特-惠勒型水管锅炉 2台帕尔森型蒸汽轮机

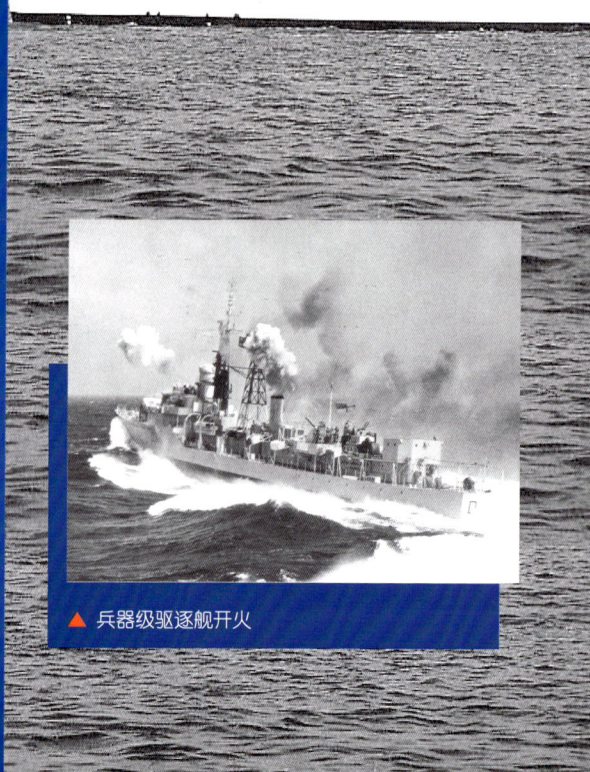

▲ 兵器级驱逐舰开火

■ **作战性能**

兵器级驱逐舰的防空武器最初计划在后甲板位置安装带 262 型炮瞄雷达的双联装 40 毫米口径"博福斯"防空炮 2 座,并在舰桥两侧安装 2 部双联装 20 毫米口径"厄利孔"防空炮。但实际建造时,又分别改为 2 座带 262 型炮瞄雷达的双联装 40 毫米口径"博福斯"STAAG 防空炮和 2 座单管 40 毫米口径"博福斯"防空炮。"博福斯"STAAG 防空炮是英国皇家海军装备的一种特殊改进型"博福斯"炮,这实际上是一种结构较复杂的稳定测距型高炮,其中包括 262 型雷达、自动截获目标装置、雷达跟踪与预警装置、稳定装置和测距仪等。

▲ 兵器级驱逐舰高速机动

知识链接 >>

世界各国舰艇普遍采用的防空武器,都是"博福斯"40 毫米防空炮。其总产量超过 5 万门,在二战海军史上写下了辉煌的一页,至今仍在一些国家服役。

BATTLE-CLASS
战斗级驱逐舰（英国）

■ 简要介绍

战斗级驱逐舰是英国政府为应对二战时期德军的俯冲式轰炸机"斯图卡"号而研发的一批驱逐舰类型。它是二战期间英国海军建造的体积最大、性能最好的驱逐舰之一，其宽大的舰体、奢华的装备无疑让二战中其他"战时应急驱逐舰"可望而不可即。

■ 研制历程

1940年夏季，德军的"斯图卡"轰炸机作为主力之一远征不列颠，由于缺少大航程的战斗机护航，"斯图卡"轰炸机在大不列颠空战中失去了往日威风，但其威力仍让英国人不寒而栗。当时英国皇家海军拥有庞大的舰队，但基本上不具备防空能力，这是非常可怕的。

1941年，英国政府为此举行紧急会议商讨对策，作为"战时应急驱逐舰"计划的一部分，首相丘吉尔提出发展一种防空型驱逐舰，以便担负舰队防空作战任务。

1942年，该提议最后定案，这种新型舰艇被称为战斗级防空驱逐舰，并决定首批订购17艘，1943年又增购第二批21艘，同年，首批舰艇在多家造船厂同时开工建造，首舰"巴夫勒尔"号于1944年9月14日正式加入皇家海军服役。

基本参数	
舰长	115.52米
舰宽	10.2米
吃水	3.86米
排水量	2325吨（标准） 2800吨（满载）
航速	30.5节
续航力	4400海里/20节
舰员编制	330人
动力系统	"帕森"单级减速齿轮传动式涡轮机

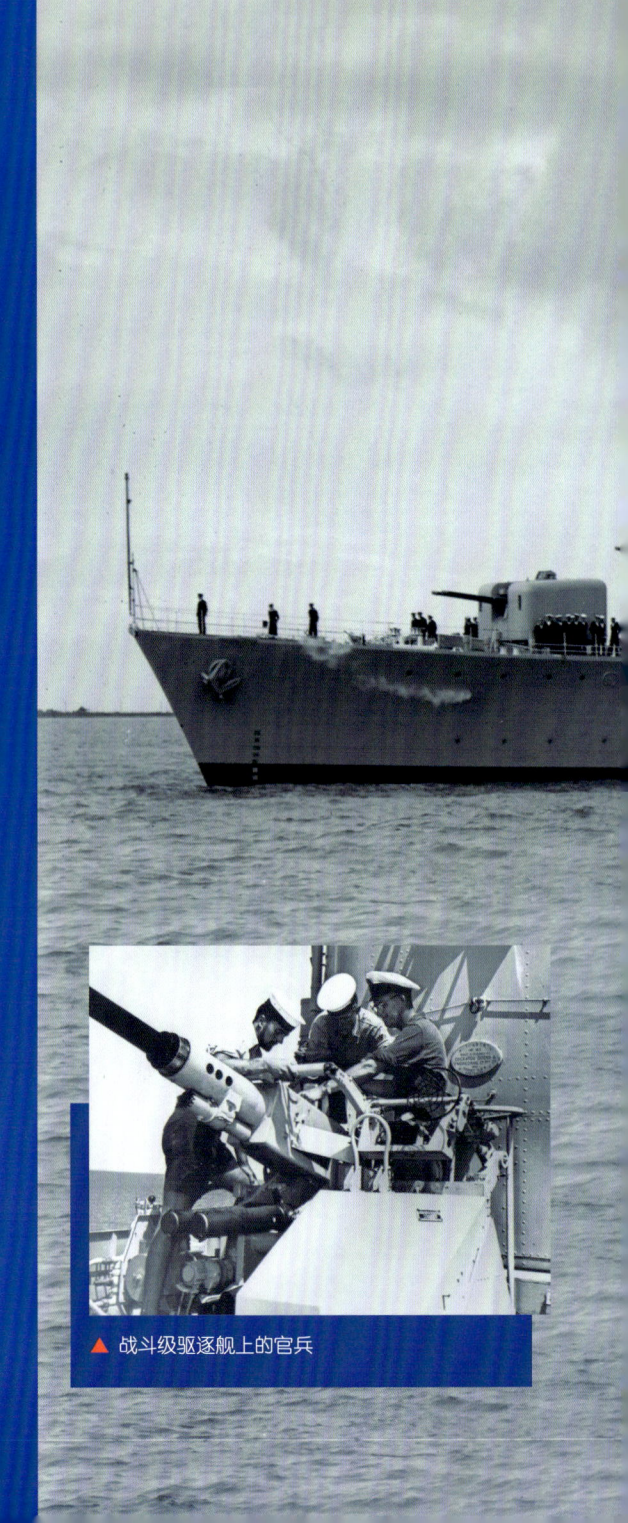

▲ 战斗级驱逐舰上的官兵

■ **作战性能**

战斗级驱逐舰是防空型舰艇,其武器装备设计以防空火炮为主,主要包括4门MKⅢ型114毫米速射炮,安装在MK V型双联装炮塔上,仰角80°,备弹300发;1门MK ⅩⅨ型100毫米高平两用火炮,安装在MK ⅩⅩⅢ型炮塔上,备弹160发;8门"博福斯"40毫米火炮,安装在MK Ⅳ型双联装炮塔上,备弹1440发;6门"厄利孔"20毫米火炮,其中2座MK2型双联装和2座MKⅦA型单管火炮,备弹2440发;1座"维克斯"303型火炮,备弹5000发。

战斗级还装备2套四联装手工操纵鱼雷发射管,发射8枚MK Ⅸ鱼雷;4个深水炸弹投掷器和2条滑轨,携带60枚深弹。1952年,英国海军对战斗级驱逐舰的武器装备进行改装,移走了100毫米火炮和双联装"博福斯"40毫米火炮,换装了5座"博福斯"MK7和MK2型单管STAAG机关炮。

▲ 战斗级驱逐舰回港系泊

知识链接 >>

英国是驱逐舰的故乡,早在19世纪70年代后期,由于鱼雷艇的迅速发展,英国海军决定研制一种比鱼雷艇大、速度快、用来追捕和消灭鱼雷艇的舰只,于是一种称为"鱼雷艇捕捉舰"的新舰种诞生了。实践证明,这是一次失败的尝试,但"鱼雷艇捕捉舰"却成为现代驱逐舰的前身。

COUNTY-CLASS
郡级驱逐舰（英国）

■ 简要介绍

郡级驱逐舰是英国皇家海军划时代的驱逐舰。它是皇家海军第一种导弹驱逐舰，也是皇家海军第一种具有区域防御能力的驱逐舰，同时还是皇家海军第一种装备大型直升机的驱逐舰。郡级驱逐舰主要在英国航母编队中担负主力防空护卫任务。苏联 TU-95 轰炸机搭载导弹使得英国海军编队受到极大威胁，郡级驱逐舰便应运而生。

■ 研制历程

1949 年，英国皇家海军开始发展海参中程防空导弹，以强化航空母舰外围护航舰艇的防空能力。为了配合海参导弹，皇家海军也开始规划一些防空巡洋舰与防空驱逐舰的提案。

1954 年，英国提出一个名为 GW24 的设计方案，排水量 3550 吨，舰上装备一座海参防空导弹发射器。这个设计方案获皇家海军的批准。

1956 年 1 月，皇家海军订购两艘郡级驱逐舰（D-02、D-06），1957 年 2 月又订购两艘（D-12、D-16）。

基本参数

舰长	157.96米
舰宽	16.4米
吃水	6.4米
排水量	5440吨（标准） 6800吨（满载）
航速	31.5节
续航力	3080海里 / 28节
舰员编制	471人
动力系统	2台Babcock & Wilcox蒸汽涡轮 4台Metrovick G-6燃气涡轮

▲ 郡级驱逐舰和风帆训练舰

■ **作战性能**

郡级驱逐舰的舰艏以背负方式装置两门维克斯 MK-6 双联装 114 毫米 45 倍径舰炮。舰体后段直升机库两侧各装有一部四联装海猫短程防空导弹发射器，负责船舰的近程防空。直升机库设于舰体后段，机库门设置在侧面，机库后方设有一部 Type-901 射控雷达；直升机起降甲板设置于 Type-901 射控雷达之后，能操作一架 Wessex HAS.3 直升机。舰上最重要的武装——海参导弹发射系统设置在舰艉，是一个设有下甲板弹舱的旋转发射器，导弹在弹舱内采用水平存放，容量为 24 枚。

知识链接 >>

智利海军由于郡级驱逐舰的加入，成为除英国皇家海军以外，唯一一个曾经使用海参导弹的海军。海参导弹直到 20 世纪 90 年代初期，才从智利海军除役。智利海军在 1987 年接收"佛夫"号之后，立刻进行改装工程，拆除了原本的机库、海参导弹、Type-901 射控雷达，改建了一座更大的直升机库，能够搭载两架直升机。直升机甲板也延长到舰艉。

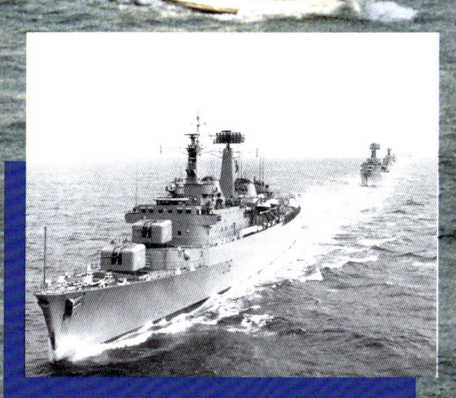

▲ 郡级驱逐舰编队

TYPE 42 SHEFFIELD-CLASS
42型谢菲尔德级驱逐舰（英国）

■ 简要介绍

42型导弹驱逐舰，又称谢菲尔德级驱逐舰，是英国皇家海军的一级以编队区域防空为主的多用途导弹驱逐舰，兼有区域反潜能力，对海作战能力不足，没有装备专门的反舰导弹。尽管如此，就42型的大小而言，这是一级设计紧凑、性能很好的典型中型导弹驱逐舰。英国皇家海军在建造该级舰时，为了降低成本，限制了全舰的排水量；为了增加武器和电子设备，又简化了全舰的壳体结构，采用了薄壳型舰体，因此结构薄弱。

◀ 42型导弹驱逐舰雷达舱

■ 研制历程

20世纪60年代末，英国成功研制海标枪式舰载防空导弹，并准备建造4艘82型导弹驱逐舰作为新航母CVA-01的护卫舰只。但是，82型驱逐舰仅仅建造了1艘，便随着新航母的下马而停建了。因此，排水量比它小得多的42型导弹驱逐舰便应运而生。

该级舰共建14艘，其中第一批6艘，第二、三批各4艘。首舰"谢菲尔德"号于1970年1月开工建造，1975年2月正式服役。该级舰最后一艘"约克公爵"号1985年服役。

基本参数

舰长	125米
舰宽	14米
吃水	5.8米
排水量	4350吨
航速	30节
舰员编制	312人
动力系统	2台劳斯莱斯-奥林帕斯TM3B高速燃气涡轮机 2台劳斯莱斯-泰恩RM1A巡航燃气涡轮机

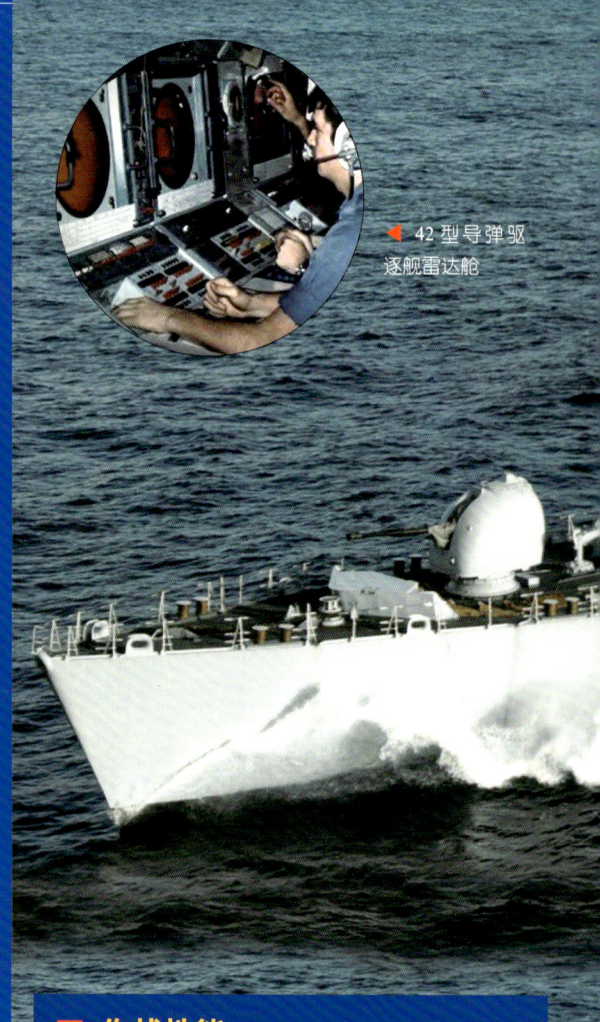

■ 作战性能

反舰武器：该级舰以防空作战为主，因此舰上没有安装专用的反舰导弹。舰载直升机可携带海上大鸥式轻型反舰导弹执行反舰作战。1座MK-8型单管114毫米主炮，可担负起反舰、防空和对陆的作战任务。

防空武器：1座双联装"海标枪"中程舰空导弹发射装置。该弹是按多功能区域防空导弹设计的，既能对付高空目标，也可对付低空

目标，必要时也可用作反舰导弹。另有2门"厄利孔"20毫米单管炮，主要用于日常警戒。

反潜武器：1架"山猫"反潜直升机用于远程反潜。该机装有吊放式声呐、搜索雷达及2枚MK-44反潜鱼雷。舰上装有2座MK-32型三联装324毫米鱼雷发射管，发射MK-44或MK-46反潜鱼雷。

知识链接 >>

42型驱逐舰是西方国家海军中型水面舰艇中采用全燃交替动力（COGOG）的代表舰，其使用专门的巡航燃气轮机，提高了巡航时的效率和经济性，且具有极好的机动性，该级舰从主机启动到全工况只需约30秒。

TYPE 45 DARING-CLASS
45型勇敢级驱逐舰（英国）

■ 简要介绍

45型驱逐舰，亦以首舰命名为勇敢级驱逐舰，是英国皇家海军隶下的新一代防空导弹驱逐舰。本级舰围绕PAAMS导弹系统，配备性能优异的桑普森相控阵雷达和S1850M远程雷达，并划时代地采用了集成电力推进系统（IEP），使得本级舰成为世界上现役最新锐的驱逐舰之一。身为21世纪初期最尖端科技的产物，45型驱逐舰在建造观念、自动化程度、动力系统、科技层次等方面领先，其桑普森雷达/紫菀防空导弹的技术层次与各项性能均不逊于美国SPY-1D雷达/"标准"与"海麻雀"防空导弹的组合。然而受限于经费，45型驱逐舰的舰体规模与火力都与最初的愿望有不小差距。

■ 研制历程

1999年8月开始，英国厂商展开45型概念研究，此时英国国防部也进行45型采购政策的立项工作。在这个阶段，45型被定为排水量约6000吨，并配备PAAMS防空系统的衍生型号。

2000年7月11日，英国国防部宣布购买首批3艘45型导弹驱逐舰，随后在12月21日与主承包商英国宇航电子系统（BAE）签约。

▶ 舰艏垂直发射系统

基本参数	
舰长	152.4米
舰宽	21.2米
吃水	5.7米
排水量	5800吨（标准） 7350吨（满载）
航速	30节
舰员编制	235人
动力系统	2台WR-21 IRC燃气涡轮与阿尔斯通发电机组 2台瓦西拉V12 VASA32柴油交流发电机组 2台科孚德推进用电动机

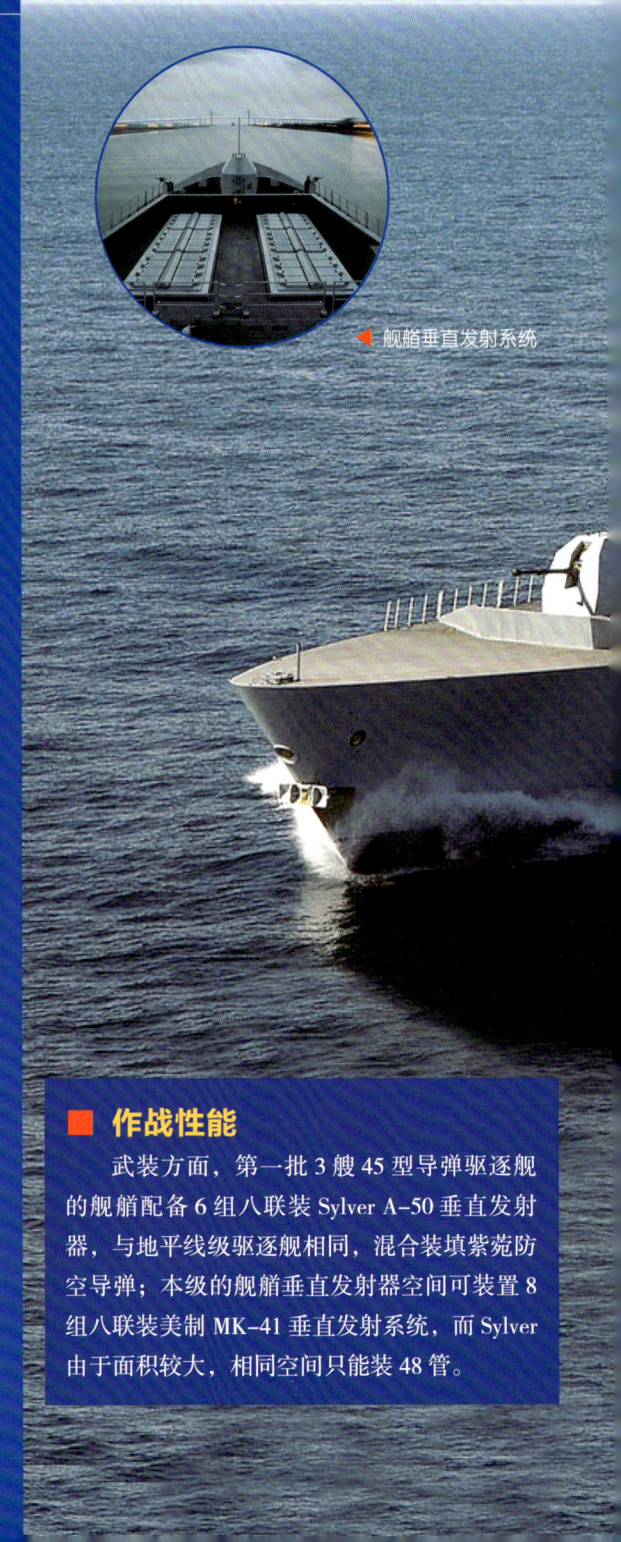

■ 作战性能

武装方面，第一批3艘45型导弹驱逐舰的舰艏配备6组八联装Sylver A-50垂直发射器，与地平线级驱逐舰相同，混合装填紫菀防空导弹；本级的舰艏垂直发射器空间可装置8组八联装美制MK-41垂直发射系统，而Sylver由于面积较大，相同空间只能装48管。

▲ 先进的作战指挥舱

舰炮方面，第一批 3 艘 45 型一开始就确定配备一门 MK-8 Mod1 型 114 毫米 55 倍径舰炮，稍后在 2004 年下旬又决定 45 型四至六号舰亦采用 MK-8 Mod.1。除 114 毫米舰炮外，皇家海军在 2003 年 2 月正式决定在 45 型上装置两门 DS-30 机炮，作为本级舰近距离防空、反水面自卫武器，设置在上层结构两侧。

知识链接 >>

45 型驱逐舰首舰"勇敢"号，2012 年在亚丁湾索马里海域执行反海盗任务，之后于 2013 年上旬开始了其长达 9 个月的太平洋部署，先后访问美国东海岸、智利、波多黎各，经过巴拿马运河，后又访问美国珍珠港希卡姆联合基地，与美国合作进行联合弹道导弹防御实验，随后又对菲律宾进行人道主义救援。

TYPE 82 BRISTOL-CLASS
82型布里斯托尔级驱逐舰（英国）

■ 简要介绍

82型驱逐舰，又称布里斯托尔级驱逐舰，是英国皇家海军的第四级驱逐舰，用来替代老旧的郡级驱逐舰，并承担计划中的CVA-01航母的护卫任务。该舰是英国历史上最大的驱逐舰。由于各种原因，该舰仅建成1艘。由于其庞大的身躯，人们有时候会将其划归为"轻巡洋舰"，但它被官方划分为一型驱逐舰。因为CVA-01航母最终取消了，82型驱逐舰从建造以来难有战斗角色可以担当，所以它服役的大部分时间都用作试验新武器和新增的电脑系统的平台。

■ 研制历程

20世纪50年代中期，英国皇家海军提出建造新型大型航空母舰CVA-01的计划，为了适应CVA-01级新型航母编队的区域防御任务，新的82型驱逐舰不仅要具有与郡级相当的防空作战能力，还应具有出色的反潜作战能力，预备装备"海标枪"防空导弹和"伊卡拉"反潜导弹。

1966年，随着海军军费的大幅度削减，CVA-01级航母计划被中止，造价3000万英镑的82型驱逐舰计划也即将搁浅，但皇家海军考虑到"海标枪"和"伊卡拉"导弹应尽早上舰进行测试评估，故最终决定建造一艘82型驱逐舰——"布里斯托尔"号。1991年退役后作为训练舰停泊于朴次茅斯港。

基本参数	
舰长	154.53米
舰宽	16.76米
吃水	6.7米
排水量	7700吨（满载）
航速	30节
舰员编制	407人

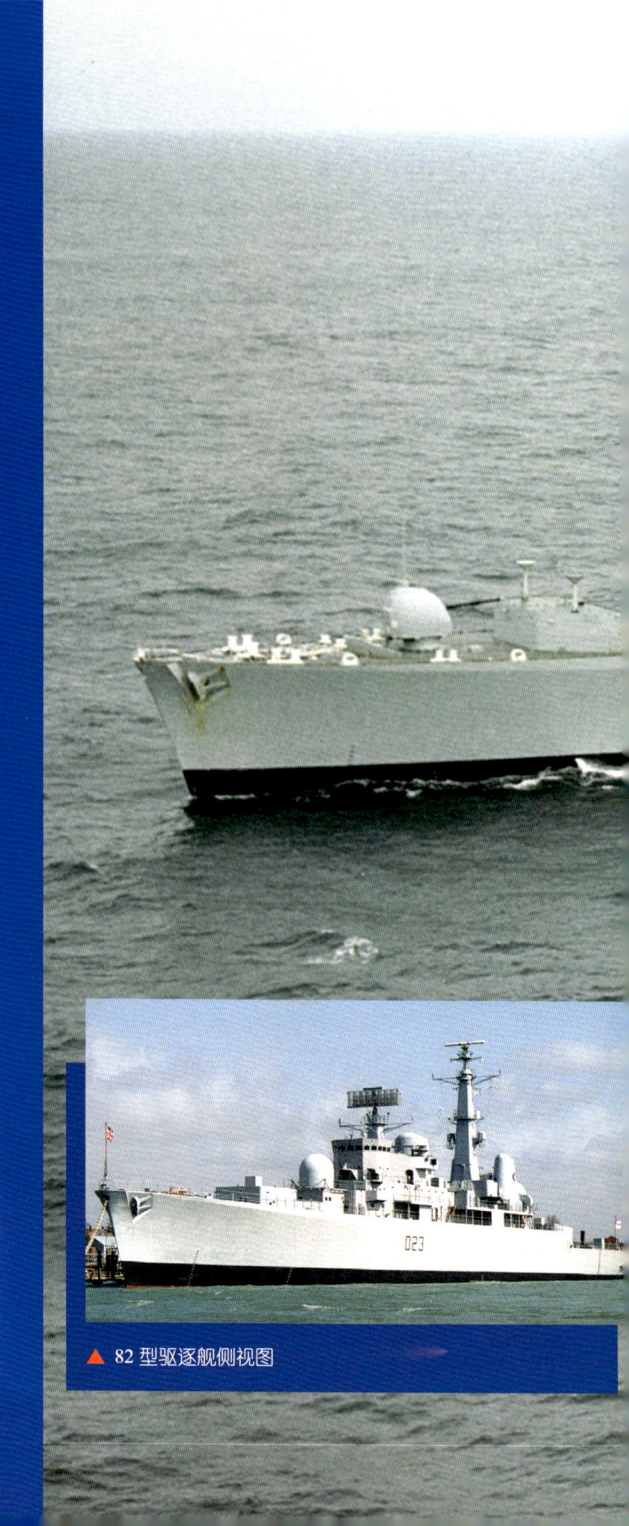

▲ 82型驱逐舰侧视图

■ **作战性能**

　　82型驱逐舰上赖以防空的武器主要为新型的"海标枪"导弹，该导弹由一座安装在船艉的双联装导弹发射器发射，为导弹提供目标照射的则是两座909型目标照射雷达。其舰艏装备的单门Mark 8型114毫米主炮虽然射速较慢（为25发/分），但是对于其担任的反舰和对岸射击任务来说是合适的。该舰上第三个强有力的武器则是由澳大利亚研发的"伊卡拉"反潜导弹武器系统——一种由火箭推动，可以挂载Mk.44自导鱼雷甚至带有核弹头的深水炸弹飞离舰艇约16千米的飞行器。

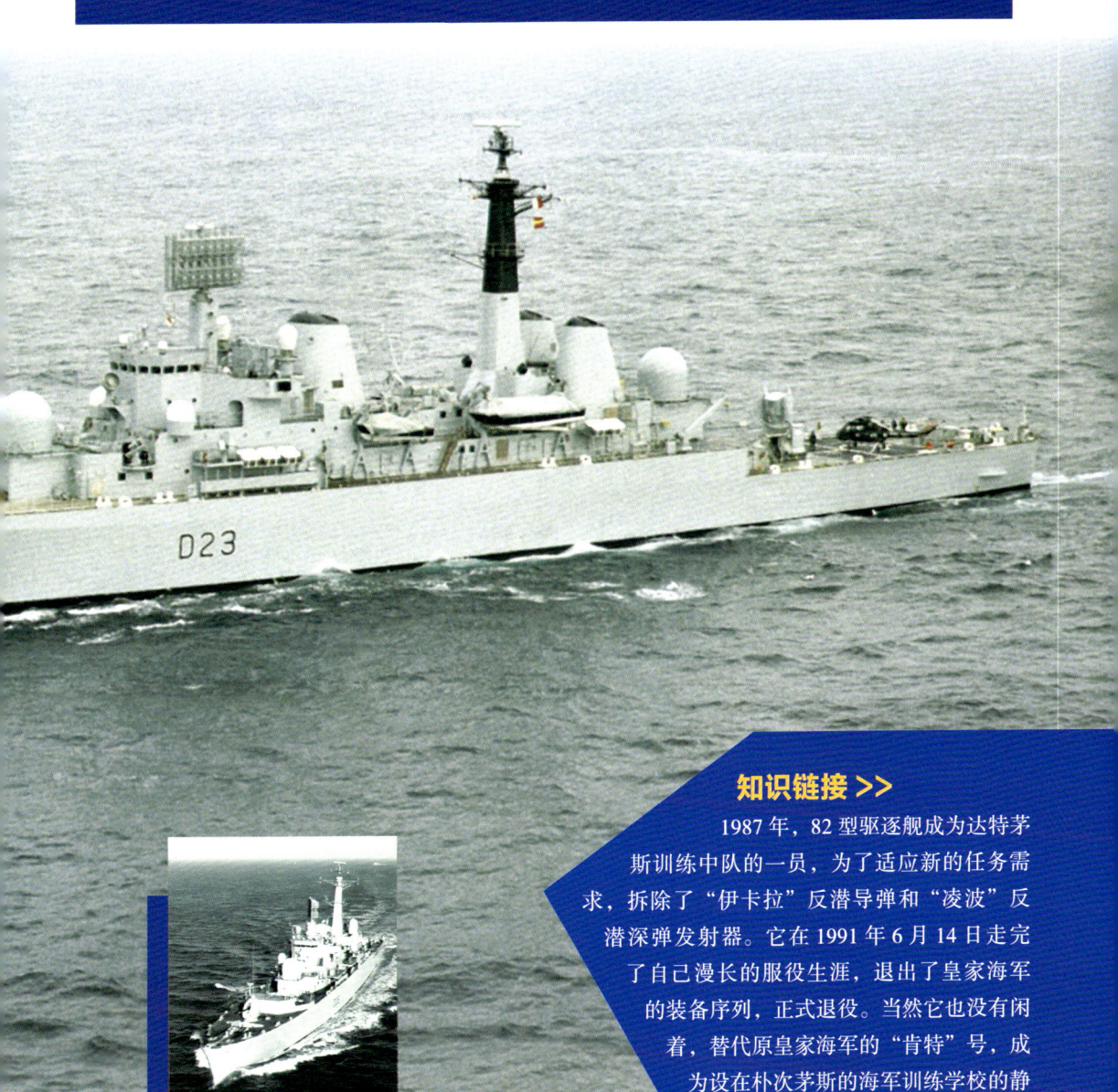

▲ 82型驱逐舰正视图

知识链接 >>

　　1987年，82型驱逐舰成为达特茅斯训练中队的一员，为了适应新的任务需求，拆除了"伊卡拉"反潜导弹和"凌波"反潜深弹发射器。它在1991年6月14日走完了自己漫长的服役生涯，退出了皇家海军的装备序列，正式退役。当然它也没有闲着，替代原皇家海军的"肯特"号，成为设在朴次茅斯的海军训练学校的静态训练船。

LE FANTASQUE-CLASS
空想级驱逐舰（法国）

■ 简要介绍

法国海军空想级驱逐舰的排水量、装备以及航速比他国的驱逐舰要强得多，除了巡洋的续航能力和装甲防护能力差一些，其他几乎和有的轻巡洋舰不相上下。因此，这种法国独有的舰种，往往被称为超级驱逐舰、大型驱逐舰。这种大型驱逐舰在使用上和其他国家的驱逐领舰不同，它们并不是作为驱逐舰分队的旗舰指挥鱼雷攻击作战，而是以3艘同型舰组成分舰队，以高速度在大舰队前方展开，侦察敌情以及击毁敌方的小舰队。

■ 研制历程

意大利为了对抗法国的超级驱逐舰，设计出了一艘被分为轻巡洋舰的驱逐领舰阿尔贝利科·迪·朱桑诺级，5200吨级，四座双联152毫米主炮，几乎没有装甲防护，以此设想换来高速度，捕捉、击毁法国的超级驱逐舰。

面对挑战，法国海军部长乔治·莱格提出了一项尽量不给国家财政带来负担的合理方案，并在1930年1月12日被采纳。这个计划便是集法国海军期望于一身的空想级驱逐舰，于1935—1936年投入现役，并在一系列试航中展现了其卓越的性能。

基本参数	
舰长	132.4米
舰宽	12.45米
吃水	5.01米
排水量	2569吨（标准） 3400吨（满载）
航速	35节
舰员编制	210人
动力系统	新型立式高温蒸汽锅炉

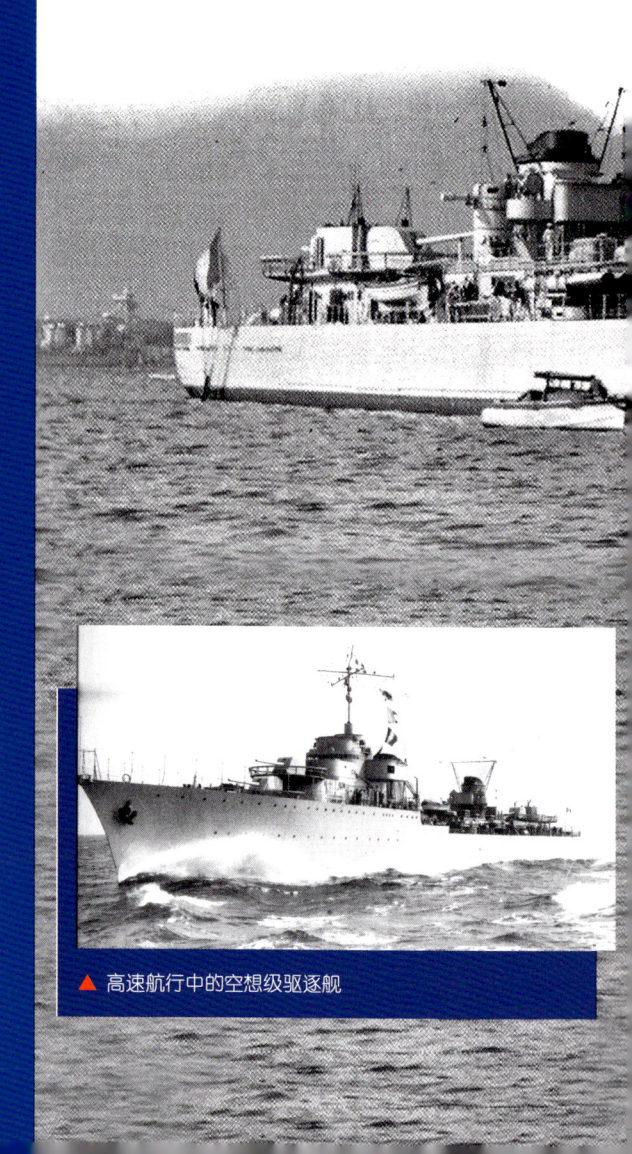

▲ 高速航行中的空想级驱逐舰

■ **作战性能**

在装备方面，空想级驱逐舰首次采用了 1929 式的长炮身型 138.6 毫米主炮，和上一级沃克兰级驱逐舰的 1927 式的同口径火炮不同的是，其炮身长由 40 倍口径被加长到了 45 倍，这样，炮弹的初速也从原来的每秒 700 米提高到每秒 800 米以上。在其最大仰角的 30°时，可以将 40.6 千克的炮弹射向 20000 米开外。尽管这种炮依然存在很多问题，比如因其仰角过小而没有防空能力，完全依赖人力，结构复杂而脆弱等；但是，它成功地将英国提供的巡洋舰用维克斯测距仪小型化，制成可以用在空想级的火控装置，在相当程度上克服了原先海况条件差、火炮发射率低等问题。

▲ 空想级驱逐舰正视图

知识链接 >>

二战初期，神出鬼没的德意志级装甲舰——"海军上将施佩伯爵"号引起英法两国关注。英法两国海军在大西洋遍撒罗网，部署有空想级的"空想"号、"可怖"号和"鲁莽"号，猎物最终落到了英国人手里。但法舰也不是空手而归，"空想"号和"可怖"号俘获了一艘 4627 吨的德国堵塞船"圣菲"号。

CASSARD-CLASS
卡萨尔级驱逐舰（法国）

■ 简要介绍

卡萨尔级驱逐舰是法国海军隶下的一型以舰队区域防空为主要任务的多用途驱逐舰。在地平线级驱逐舰正式加入法国海军之前，两艘卡萨尔级是法国海军最新型、最倚重的防空舰艇。卡萨尔级虽然身为防空驱逐舰，但武器装备繁复而齐全，能担负各种任务。卡萨尔级虽然身负保卫法国航空母舰的重责大任，但以美国海军的标准衡量，其防空能力却与低档的佩里级护卫舰相似。

■ 研制历程

20世纪70年代初，法国海军打算建造4艘卡萨尔级，替换原有的4艘47型驱逐舰防空型。1978年，法国海军正式签约建造首艘防空舰"卡萨尔"号，在1979年则签署二号舰"让·巴特"号的建造合约。

基本参数	
舰长	139米
舰宽	14米
吃水	5.7米
排水量	4230吨（标准） 4700吨（满载）
航速	29.5节
续航力	4800/24节 8200/17节
舰员编制	225人
动力系统	4台SEMT-Pielstick BTC柴油机

▲ 卡萨尔级驱逐舰最主要的防空武装为一套位于机库与照明雷达之间的美制MK-13单臂导弹发射系统

■ **作战性能**

卡萨尔级驱逐舰舰艇配备一门 Model 1968 CADAM 100 毫米 55 倍径高平两用自动舰炮，射速高达 78 发 / 分，兼具防空与反水面能力。舰上的武器还有 8 枚 MM-40 "飞鱼" 反舰导弹（2006 年起换装新的 MM-40 Block3）、两门分置于上层结构甲板两侧的"厄利孔" 20 毫米机炮、两挺 12.7 毫米机枪、两门 KD-59E 固定式轻型鱼雷装置，配备 10 枚 ECAN L5 Mod 4 轻型反潜鱼雷，配备主 / 被动声呐寻标器，航速 35 节，最大射程 10 千米，能攻击深度 550 米以内的目标。

知识链接 >>

值得一提的是，法国海军内部无"驱逐舰"（Destoryer）的舰艇分类，所有水面作战舰艇皆称为"护卫舰"，同样卡萨尔级舰被法国海军称为护卫舰，并列为一等护卫舰类别。一等护卫舰等同于其他国家的驱逐舰，并使用 D 作为舷号开头，其他国家一般还是习惯将此类舰称为驱逐舰。

▲ 卡萨尔级驱逐舰舰艇配备一门 Model 1968 CADAM 100 毫米 55 倍径高平两用自动舰炮

HORIZON-CLASS
地平线级驱逐舰（法国/意大利）

■ 简要介绍

地平线级驱逐舰是法国与意大利联合研制的新一代中型防空舰艇。舰体具有多种隐身设计，主要武器系统为法国与意大利合作发展的基本型防空导弹系统（PAAMS）。本级舰与45型驱逐舰一样是欧洲最新锐的防空舰艇，从细节到主体设计无一不是欧洲国防科技的结晶。自动化程度很高，近7000吨的驱逐舰仅需编制200名官兵操作。

■ 研制历程

1991年，英国为取代42型驱逐舰，而法国也为新造"戴高乐"号航空母舰寻找主要防空舰，两国便提出"下一代共通护卫舰"计划。意大利很快对CNGF感兴趣，最终在1992年年底也参与其中。后来英国退出。

法、意两国在2000年9月正式签署地平线驱逐舰的协议。2000年10月，法国DCN、Thales公司及意大利芬坎蒂尼、芬梅卡尼卡等主承包商重新成立公司，负责研发整合工作。

法国首舰"福尔班"号在2002年4月8日开工，2008年12月9日完成交付。意大利首舰"安多利亚·多利亚"号在2002年7月19日开工，2007年12月22日成军。

基本参数	
舰长	152.87米
舰宽	20.3米
吃水	5.4米
排水量	5600吨（标准）6635吨（满载）
航速	29节
续航力	7000海里 / 18节
舰员编制	174人
动力系统	2台GE / Fiat Avio LM-2500+燃气涡轮 2台SEMT Pielstick 12 PA6 STC柴油机

▲ 舰艏武器为两门奥托·梅莱拉76毫米舰炮超快速型

■ **作战性能**

地平线级驱逐舰最主要武装是 6 组八联装的 Sylver A-50 垂直发射系统；依照法国的配置，其均装填紫菀防空导弹，其中 32 管装填紫菀-30 中程防空导弹，另外 16 管装填紫菀-15 短程防空导弹；地平线级驱逐舰装备 48 管 Sylver 垂直发射器，此外还预留再装两组八联装 Sylver 发射单元的空间，故总数最多能达到 64 管。

▲ 舰体中段以半埋方式安装了 8 枚法制 MM-40 Block2 "飞鱼"反舰导弹

知识链接 >>

"下一代共通护卫舰"计划由英国与法国发起，意大利随后加入，旨在取代 NHF-90 北约共同护卫舰计划，研制欧洲新一代中型防空舰艇。本计划由于存在系统选择和成本分担等诸多分歧，英国选择退出，转而自主研发 45 型驱逐舰，法、意则继续延续下去，成为后来的地平线级驱逐舰，而法、意两国按习惯称护卫舰。

GEORGES LEYGUES-CLASS
乔治·莱格级驱逐舰（法国）

■ 简要介绍

乔治·莱格级驱逐舰，也称F-70型，是法国海军中以反潜为主的多用途驱逐舰。以反潜、船团护航、反水面作战为主要任务，可伴随法国的航空母舰战斗群或在弹道导弹核潜艇进出港时提供护卫，并具备基本的点防空自卫能力。从20世纪70年代后期开始陆续服役，是法国海军在八九十年代的重要骨干兵力之一。本级舰采用长舰艏楼构型，是法国海军第一种采用燃气涡轮机的水面舰艇，以18节速度航行时，续航力高达8500海里，几乎是许多同吨位舰艇的两倍，长续航力是本级舰的特长之一，足以伴随航空母舰进行远洋作业。

■ 研制历程

为了取代20世纪50年代服役的T-47型驱逐舰，法国海军在70年代开始规划建造一批新的通用驱逐舰，称为乔治·莱格级，代号为F-70。法国海军一开始打算建造20艘，但由于预算削减，最后只造了7艘。其初步设计于1971年定案，1972年展开细部设计，首舰在1974年9月开工，前4艘在1979—1981年服役。

基本参数	
舰长	139米
舰宽	14米
吃水	5.5米
排水量	3550吨（标准） 4350吨（满载）
航速	燃气涡轮：30节 柴油机：21节
续航力	2500 / 28节 8500 / 18节
舰员编制	218人
动力系统	2台劳斯莱斯-奥林巴斯TM-3B燃气涡轮 2台SEMT-Pilestick柴油机

■ 作战性能

乔治·莱格级驱逐舰舰艏装有一门Mod 1968 100毫米55倍径舰炮（服役期间陆续升级到CAMAD构型），前两艘本级舰配备4枚第一代的MM-38"飞鱼"反舰导弹，后续5艘换用新型的"飞鱼"MM-40，最多可携带8枚。

防空方面主要是机库顶上装有一组八联装"海响尾蛇"防空导弹发射器，除了"海响尾蛇"导弹之外，前4艘舰还配备两组"西北风"六联装短程防空导弹发射器，分别安装于舰桥两侧；而后3艘舰改用钢制舰桥，减轻上部重量，"西北风"发射器省略。

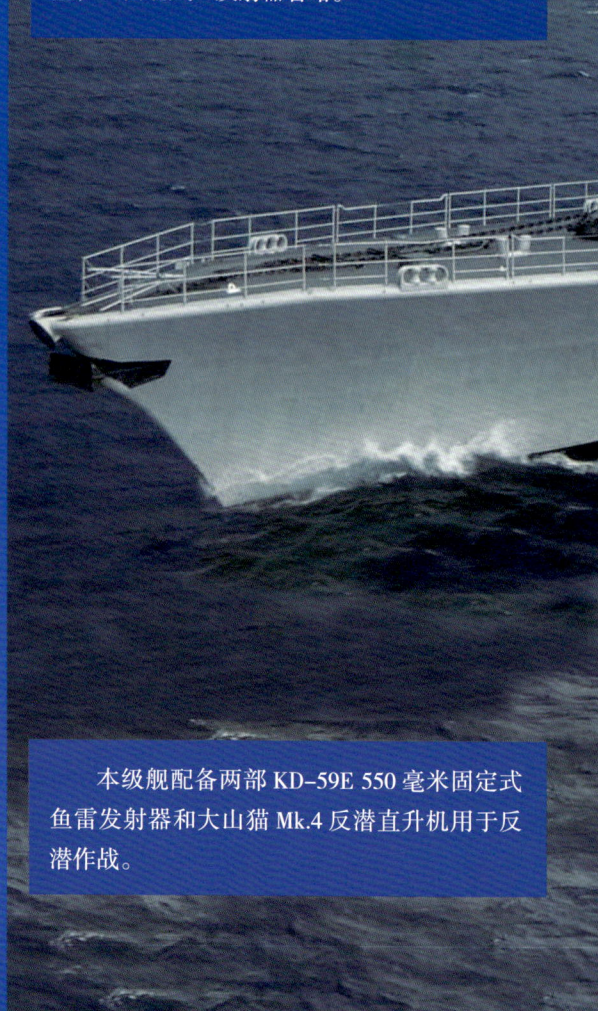

本级舰配备两部KD-59E 550毫米固定式鱼雷发射器和大山猫Mk.4反潜直升机用于反潜作战。

▲ 可见机库上方八联装海响尾蛇防空导弹

▲ 舰艏一部 Mod 1968 CADAM 100 毫米 55 倍径舰炮

知识链接 >>

"飞鱼"反舰导弹是一款由法国研发制造的反舰导弹，拥有舰射、潜射、空射等多种不同的发射方式，包括潜射型版本。"飞鱼"导弹可以接近音速在接近水面不到5米的高度飞行但不接触水面，飞行距离达65千米。

155

HAMBURG-CLASS
汉堡级驱逐舰（德国）

■ 简要介绍

汉堡级驱逐舰是德国海军战后唯一自主建造的驱逐舰型号。同级4艘的汉堡级驱逐舰以4000吨以上的排水量，成为联邦德国海军当时最大的作战舰只。舰上配备了多样的武器装备，可以胜任多种作战任务，既可执行反舰反潜作战，也能支援登陆作战，并具有较强的布雷能力。然而汉堡级的电子设备落后于同时期的主流配备，其整体作战性能受到制约，过分高大的上层结构对本舰的稳定性与适航性也有不利影响。为数不多的汉堡级属于过渡型的装备，为后来新型战舰的设计建造打下了基础。

■ 研制历程

1959年1月29日，首舰"汉堡"号在斯图尔肯船厂铺下龙骨，因一起燃气泄漏导致的爆炸事故造成工期延误，"汉堡"号入役被推迟至1964年。次舰"石勒苏益格－荷尔斯泰因"号1960年8月20日下水，1964年10月12日服役。"巴伐利亚"号1962年8月14日下水，1965年7月6日服役。"黑森"号1963年5月4日下水，1968年10月8日服役。

基本参数	
舰长	133.7米
舰宽	13.4米
吃水	4.8米
排水量	4050吨
航速	35节
续航力	3400海里/18节
舰员编制	284人
动力系统	4座高压蒸汽锅炉 6台柴油发电机

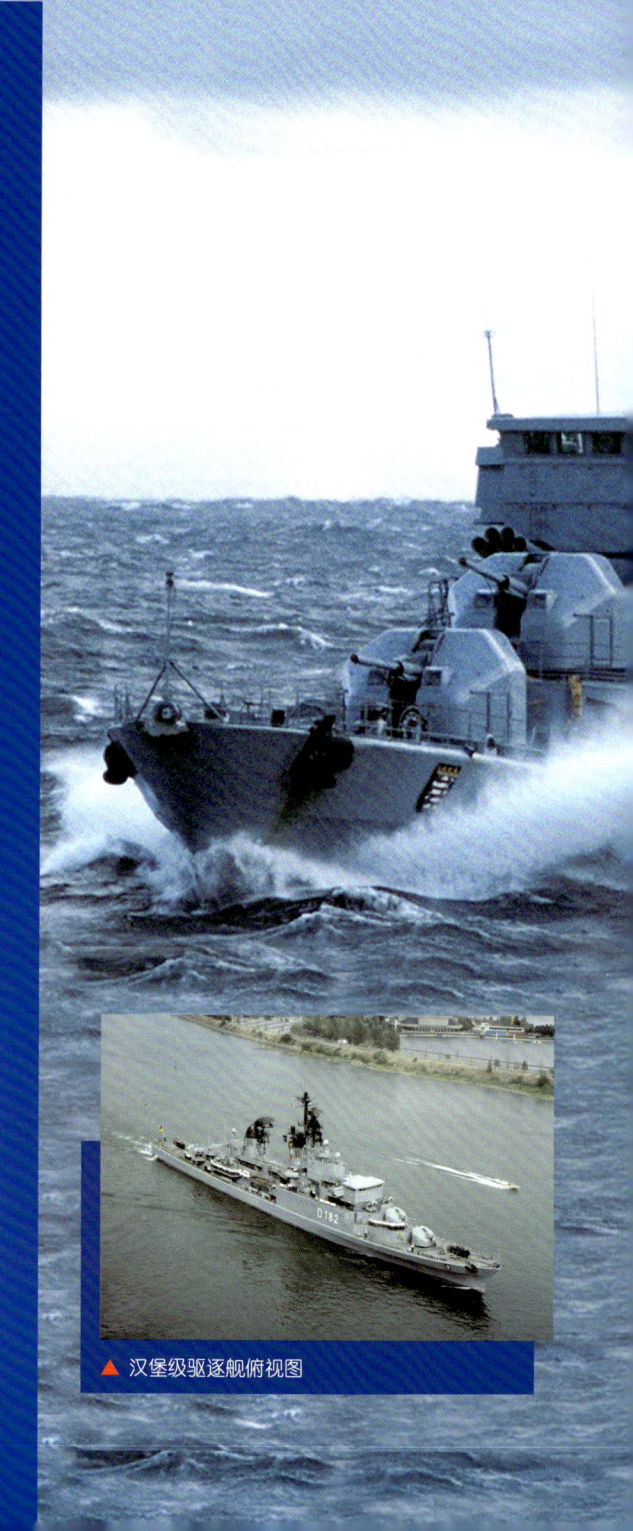

▲ 汉堡级驱逐舰俯视图

■ 作战性能

汉堡级驱逐舰在建成之初，装备有4座100毫米55倍径两用舰炮，既可对付水面目标，也具有对空防御能力；4座双联装40毫米高炮；5组533毫米反舰鱼雷发射管，3组为舰艏鱼雷，另外2组位于舰艉；2组533毫米单管ToRo UJ 2反潜鱼雷发射管，用于发射Mk44-1或海蛇反潜鱼雷。反潜武器除了鱼雷，另有两座四联装375毫米反潜火箭发射器以及深水炸弹施放导轨。执行布雷任务时，根据水雷型号，可携带80枚~100枚水雷。

▲ 汉堡级驱逐舰补给演练

知识链接 >>

斯图尔肯船厂是成立于1840年的老牌企业，它中标建造汉堡级驱逐舰。因为斯图尔肯船厂正好扩建了船厂设备，可以配合新工艺，在建造成本上控制得较好。当时其他更大型的船厂，例如布洛姆—沃斯，尚未从战争的破坏中复苏过来。在完成汉堡级驱逐舰和科隆级护卫舰的建造后，斯图尔肯船厂便被重新崛起的布洛姆—沃斯吞并。

URAKAZE-CLASS
浦风级驱逐舰（日本）

■ 简要介绍

浦风级驱逐舰是日本海军早期的一级大型驱逐舰，由英国制造，是日本海军最后一型由外国承建的驱逐舰。曾计划使用德国的柴油机以延长续航力，一战爆发后，日本向德国宣战，于是只能用英国亚罗公司设计制造的减速流体阀并最终使用蒸汽轮机。浦风级只有首舰服役于日本海军，2号舰"江风"号在英国建造完成后直接转卖给了受困于驱逐舰数量不足的意大利海军。"浦风"号因为没有同型号舰服役，所以组队困难。

■ 研制历程

日本海军于1911年列入计划的大型驱逐舰浦风型有2艘，决定向英国购买，制造商是亚罗造船有限公司。

本级舰2艘分别是"浦风"号和"江风"号。"浦风"号于1913年10月1日在英国亚罗公司动工，1915年2月16日下水，1915年9月14日竣工。

1916年8月7日，"江风"号还在建造时，转让给意大利，1916年12月23日竣工。当时意大利海军驱逐舰"勇敢"号战殁，因此"江风"号立即继承其舰名。1944年11月1日在亚得里亚海战沉。

基本参数

舰长	87.6米
水线宽	8.4米
吃水	2.4米
排水量	907吨（标准）
航速	30节
动力系统	2座布朗·寇蒂斯单级减速齿轮汽轮机亚罗式重油水管锅炉

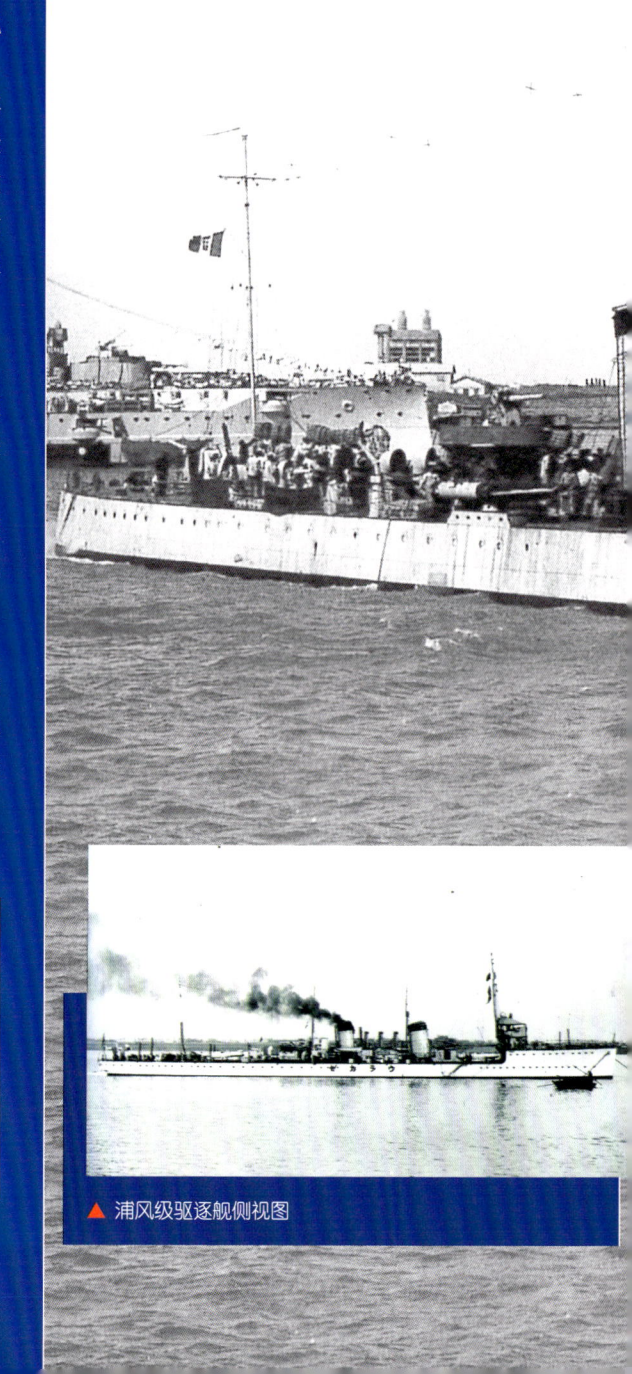

▲ 浦风级驱逐舰侧视图

■ **作战性能**

"浦风"号驱逐舰航速只有 30 节，和其他同级驱逐舰相比速度较低。其后装上了国内生产的涡轮，原先无法获得的柴油机不久也能够运达，此舰成为日本国内最早使用柴油机的舰艇。而标准排水量只有 907 吨，比原先计划的 1000 吨低，打破了一等驱逐舰必须达到 1000 吨以上的规定。它搭载的 533 毫米口径鱼雷，其威力比过去的 450 毫米口径要更胜一筹，但并没有在实战中的使用记录。而"江风"号有 7 门 102 毫米炮、2 门 40 毫米高射炮、2 座 450 毫米双联装鱼雷发射管。"浦风"鱼雷发射管在中心线上，"江风"在第二烟囱后方两舷侧各装备一座，为意大利海军改装。

▲ 航行中的浦风级驱逐舰

知识链接 >>

"浦风"号最终成了试验舰，当初的引擎计划并未实现，而且变成了无姊妹舰的单舰。1936 年春，"浦风"号返回横须贺港，7 月 1 日除籍。从此，船体成为海军官兵的训练舰。1940 年 4 月 1 日成为报废驱逐舰。1945 年 7 月 18 日受美机轰炸，船舱进水沉入海底。

UMIKAZE-CLASS
海风级驱逐舰（日本）

■ 简要介绍

海风级驱逐舰是日本海军的第一级远洋一等驱逐舰。战斗时任务是炮击、突破敌人警戒网、实行抵近鱼雷攻击。海风级的性能都远凌驾于日本海军最初的几级驱逐舰之上，仅从吨位来说，它是首型突破了千吨大关的驱逐舰，比以往的驱逐舰翻了不止一倍。海风级在计划阶段就被称为"大驱逐舰"，与一般驱逐舰区分开来。它是日本驱逐舰朝向大型化远洋型发展的鼻祖。

■ 研制历程

日俄战争结束后，水雷战队的作战区域扩展到辽阔的太平洋，日本海军需要大型远洋驱逐舰，海风级是对这种驱逐舰进行探索而诞生的。其模仿原型是英国的部族级驱逐舰，首次搭载了重油锅炉，实现20500马力和33节高航速。

1号舰"海风"号，依据1907年舰艇补充计划建造，暂时称为"伊"号大驱逐舰。2号舰"山风"号，依据日俄战争中1904年度战时紧急计划修正建造，暂时称为"甲"号大驱逐舰。

基本参数	
舰长	98.5米
舰宽	8.5米
吃水	2.7米
排水量	1030吨（标准） 1150吨（满载）
航速	33节
舰员编制	141人
动力系统	帕森斯式直接联结汽轮机

▲ 高速航行中的海风级驱逐舰

■ **作战性能**

　　海风级驱逐舰与当时标准排水量 380 吨、航速 29 节的驱逐舰相比，此级高速大型驱逐舰出现之后，成为世界瞩目的焦点。除了特殊试验舰，如英国部族级为大型驱逐舰，排水量超过 1000 吨，当时世界上无其他国家有此类大型驱逐舰。它的主火力为 2 门 127 毫米舰炮，副火力为 5 门 76 毫米舰炮，反潜方面是 4 部 450 毫米鱼雷发射管。

▲ 船厂中的海风级驱逐舰

知识链接 >>

　　一战时，"海风"号与"山风"号编成第 16 驱逐队，编入以装甲巡洋舰"鞍马"为旗舰的第一南遣舰队，在南洋群岛方面执行任务。1930 年，"海风"号撤除鱼雷发射管及部分备炮，6 月 1 日变更为扫雷艇，并命名为第 7 号扫雷艇。1930 年，"山风"号撤除鱼雷发射管及部分备炮，6 月 1 日变更为扫雷艇，并命名为第 8 号扫雷艇。两舰均于 1936 年 4 月 1 日除籍。

峰风级驱逐舰（日本）

MINEKAZE-CLASS

■ 简要介绍

峰风级驱逐舰完全摆脱了模仿英国驱逐舰的模式，是纯日本风格的驱逐舰的始端。该型驱逐舰的完成意味着可以按照日军自有的战略战术指导思想来编成伴随远离基地战斗的主力舰部队的水雷战队。在部分日本的海军舰艇史研究书籍上，峰风级被认作是日本模式舰队驱逐舰的过渡型产品，最终将定型在甲型上。无论其性质如何，峰风级作为日本国产舰艇的先行者和参加二战的最古旧的日本驱逐舰，在历史上留下了不可磨灭的印迹。

■ 研制历程

峰风级驱逐舰是日本海军根据1917年的八四舰队计划，与1918年的八六舰队计划所设计建造的大型驱逐舰。日本海军从1918年至1922年建造了15艘峰风级驱逐舰（峰风、泽风、冲风、岛风、滩风、矢风、羽风、汐风、秋风、夕风、太刀风、帆风、野风、波风、沼风），于1920年至1922年间服役。在二战中，11艘被击沉，4艘退役。

基本参数	
舰长	102.6米
舰宽	8.92米
吃水	2.79米
排水量	1552吨（标准） 1650吨（满载）
航速	36节
舰员编制	154人

▲ 航行中的峰风级驱逐舰

■ **作战性能**

峰风级系列舰是典型的日本式小车扛大炮，追求火力速度而牺牲了其他能力。峰风级各舰标准排水量为1552吨，最高航速36节。相比刚竣工时，由于重量增大，因此稳定性有所上升而速度下降。峰风级驱逐舰的综合战斗力在当时世界各国海军同等驱逐舰中处于中游位置，主火力是4门127毫米舰炮，反潜武器是6部610毫米鱼雷发射管。

▲ 峰风级驱逐舰侧视图

知识链接 >>

1941年12月，"峰风"号参加太平洋战争，担当防卫本土的警戒舰，担任守备任务。1942年9月以后担任船队护航任务，1944年2月10日被美国潜水艇"鲱鱼"号击沉，1944年3月31日除籍。

MUTSUKI-CLASS
睦月级驱逐舰（日本）

■ 简要介绍

睦月级是日本海军20世纪20年代中期建造的旧式驱逐舰，也是首批装备610毫米口径鱼雷的日本战舰，设计的主要作战武器是鱼雷。用于护卫登陆部队和火力支援。1942年所罗门岛屿争夺战爆发后，有6艘睦月级拆除部分火炮，扩大内舱面积后成为与美国海军的APD类似的高速人员运输舰，专门承担向被困岛屿偷运援军和补给物资的"东京快车"任务，这是非常危险的，实战中损失惨重，12艘睦月级在战争期间全部损失。

■ 研制历程

八八舰队按计划建造了峰风级、神风级驱逐舰，后在华盛顿军备条约限制下，1923年补充计划建造12艘新型驱逐舰，即睦月级驱逐舰。

首舰"睦月"号1924年5月21日在佐世保海军工厂开工，1925年7月23日下水，1926年3月25日竣工。

末舰"夕月"号1926年11月27日在藤永田船厂开工，1927年3月4日下水，1927年7月25日竣工。

基本参数	
舰长	102.72米
舰宽	9.16米
吃水	2.96米
排水量	1315吨（标准）
航速	37.25节
舰员编制	154人

▲ 睦月级驱逐舰侧视图

■ 作战性能

睦月级驱逐舰在峰风级、神风级担任北方及港口的警戒任务等二线任务后，编入一线水雷战队，在太平洋战争中活跃于前线。该级舰在 1938 年至 1939 年间实施了大规模现代化改装，烟囱加装了防雨滤器，顶部延长为锐角（和吹雪级驱逐舰烟囱类似）。舰桥也经历大规模改造，成为与吹雪级相似的流线型侧边，鱼雷发射管加装了大型防盾，第二烟囱后方加装了环形天线。

该级舰主火力为 4 座单装三年式 120 毫米 45 倍径炮，副火力为 2 座单装 7.7 毫米机枪（后期改为 2 座三联装、2 座双联装、6 座单装九六式 25 毫米高炮），鱼雷发射管为 2 组三联装 12 年式 610 毫米，配八年式鱼雷 6 条、一号水雷 16 颗，反潜武器为 2 具深弹投射机。

▲ 高速航行中的睦月级驱逐舰

知识链接 >>

"睦月"号 1942 年 8 月 25 日于所罗门海战中被美军击沉；"如月"号于 1941 年 12 月 11 日在进攻威克岛时，因深水炸弹引爆而沉没；"弥生"号于 1943 年 9 月 11 日在新几内亚被英美飞机击沉；"卯月"号于 1944 年 12 月 12 日在奥尔摩克湾被美国鱼雷艇击沉；"皋月"号于 1944 年 9 月 21 日在马尼拉湾被美军舰载机击沉。

FUBUKI-CLASS
吹雪级特型驱逐舰（日本）

■ 简要介绍

吹雪级特型驱逐舰是日本帝国海军在二战前，华盛顿海军条约时代建造的重武装舰队型驱逐舰。为了表示比世界上其他国家的驱逐舰更强，被称为"特型驱逐舰"。本级舰拥有二段式甲板及追求凌波性能的船形并具良好的航海性能，将以往常用的露天式的舰桥更改为密闭式，从而改善了居住性。吹雪型出现后，给当时各海军列强的驱逐舰带来了很大冲击。

■ 研制历程

1924年，日本军令部正式提出理想型驱逐舰的标准，为了兼顾海军夜战，舰体尽量小型化。海军部设立了"特型驱逐舰对策委员会"，造船界鬼才藤本喜久雄担任主任负责设计。

本级舰共24艘，建造编号"第35号驱逐舰"至"第58号驱逐舰"。分别是吹雪、白雪、初雪、深雪、丛云、东云、薄云、白云、矶波、浦波、绫波、敷波、朝雾、夕雾、天雾、狭雾、胧、曙、涟、潮、晓、响、雷、电。

首舰"吹雪"号于1928年8月10日在舞鹤造船厂竣工，末舰"电"号于1932年在藤永田造船所竣工。"深雪"号战前沉没，"潮"号战后解体，"响"号战后赔偿，其余21舰均战沉于二战太平洋战场。

基本参数

舰长	102.72米
舰宽	9.16米
吃水	2.96米
排水量	1315吨（标准）
航速	37.25节
舰员编制	154人

▲ 吹雪级特型驱逐舰侧视图

■ **作战性能**

吹雪级特型驱逐舰采用封闭式舰桥，其居住性比之前的驱逐舰大幅度提高。其中锅炉的进气道改为雁首状，以防海水渗入，在一号、二号烟囱基座附近还有碗状的吸气口，提高锅炉的燃烧效能，以后的日本驱逐舰全部以此为标准。日本海军首次在驱逐舰上采用A型单装127毫米口径主炮3座，舰艏一座，舰艉呈背负式两座，全封闭式炮塔化有利于恶劣海况下的作战行动，炮塔外壳是3.2毫米厚的钢板，能防御破片杀伤炮组成员。其炮架被称为A型炮架，最大仰角40°，2门连动方式，依靠人力供弹。特Ⅱ型完成后，为解决本级舰航程不足的问题，日本军方继续对特型驱逐舰进行改进。

▲ 吹雪级特型驱逐舰高速航行图

知识链接 >>

"吹雪"号1942年2月13日至18日参与苏门答腊攻略作战，负责攻击来自新加坡的盟军战舰。4月参加孟加拉湾机动战后，回到广岛县吴港补给和维修。6月参加了中途岛大海战。10月11日，在埃斯佩兰斯角海战中被美军舰队击沉，舰长山下镇雄少佐战死，舰上109名乘员被美军俘虏。

HATSUHARU-CLASS
初春级驱逐舰（日本）

■ 简要介绍

初春级驱逐舰是日本联合舰队所属驱逐舰之一。此舰在外观上、内容上均充满了新的构想，按当时的造船技术的确是高水平的设计，但日本当时采用的这种过度加强武器的配置造成了重心过高的问题，致使千鸟级3号舰"友鹤"号于1934年倾覆沉没。这导致其所有的舰艇全部更改设计，减轻武器装备，降低航速，设法确保稳定性。

■ 研制历程

初春级共建造完成6艘。"初春"号1931年5月14日在佐世保造船厂动工，1933年9月30日竣工；"子日"号1933年9月30日竣工；"若叶"号1934年10月31日竣工；"初霜"号1934年9月27日竣工；"有明"号1935年3月25日竣工；"夕暮"号1935年3月30日竣工。

基本参数

舰长	109.5米
舰宽	10米
吃水	3.03米（完工时） 3.5米（改装后）
排水量	1400吨（完工时） 1715吨（改装后）
航速	36.5节（完工时） 33.3节（改装后）
舰员编制	205人

■ 作战性能

初春级驱逐舰建成时两门双联主炮分别位于舰艏的A炮位和舰艉的Y炮位，一门单管主炮则位于舰艏的B炮位，这是当时日本唯一一种具有舰艏高位火炮的驱逐舰。然而不久B炮位的这门单管主炮被移至舰艉X炮位，这样一来，初春级与当时其他级别的驱逐舰有了一样的格局。

▲ 初春级驱逐舰侧视图

▲ 系泊中的初春级驱逐舰

为了这门主炮的移动，最后面的那一座三联装鱼雷发射管不得不被拆除，该级的鱼雷管遂减为6组。与此同时，日本海军对该级驱逐舰的舰体和上层建筑进行补强，改装完成后标准排水量增加到1715吨，航速降为33.3节。

知识链接 >>

1942年10月17日，"初春"号在基斯卡岛附近遭到美军空袭无法航行，在"初霜"号和"若叶"号的拖曳下返回舞鹤修理。1943年9月底修复后，担任新加坡、特鲁克、千岛、硫黄岛、菲律宾等船队护航任务。11月13日，美军航空母舰特混编队空袭马尼拉，"初春"号在空袭中沉没大海。

SHIRATSUYU-CLASS
白露级驱逐舰（日本）

简要介绍

白露级驱逐舰是旧日本海军的一等驱逐舰。此级舰改良自前型初春级驱逐舰，因此也被视为初春级的准同型舰。原本"白露"号为第一次海军军备补充计划中，预定建造12艘的初春级驱逐舰的第7号舰，但在"友鹤事件"后，日本海军重新检讨一味追求重武装而导致舰艇重心过高、复原力严重不足的问题，初春型在建造6艘后中止，而建造中的"白露"号紧急停工，彻底改良设计后，从"白露"号开始的共10艘舰称为白露级。此级舰在太平洋战争中全部战殁。

研制历程

白露级共建成10艘，分别是白露、时雨、村雨、夕立、五月雨、春雨、海风、山风、江风、凉风。

首舰"白露"号于1933年11月14日在佐世保海军工厂开工，1935年4月5日下水，1936年8月20日竣工，1944年6月15日被撞沉没。

末舰"凉风"号于1935年7月9日在浦贺船厂开工，1937年3月11日下水，1937年8月31日竣工，1944年1月25日战沉。

基本参数	
舰长	111米
舰宽	9.9米
吃水	3.5米
航速	34节
续航力	4000海里/18节
舰员编制	226人
动力系统	3座舰本式重油锅炉 2台舰本式蒸汽涡轮机

▲ 白露级驱逐舰侧视图

■ 作战性能

白露级驱逐舰武器配置以初春级为基础,加固了舰体,提高了稳定性,用于大型机动舰队的反潜护卫任务,增加了必要的防空武器。1942—1943 年,大部分白露级驱逐舰拆除主炮塔,另加装 25 毫米防空炮 13 座~21 座和 12.7 毫米高射炮 4 座,舰艉的布雷与扫雷具被移除,改为 4 座深水炸弹投放器。重新设计后的白露级航速从 36.5 节降到了 34 节。总的来说白露级在安全性能和战斗性能上都较初春级高。

■ 实战表现

"白露"号 1941 年 1 月至 3 月参加了法属中南半岛北部作战。12 月太平洋战争爆发后,编入第一舰队,在濑户内海柱岛担任主力部队的护航任务。1942 年 5 月珊瑚海海战,编入机动部队的护航编队。6 月中途岛海战爆发,"白露"号再度回到主力部队。1943 年,"白露"号修理后继续在所罗门海域行动。1944 年 6 月 15 日,"白露"号在棉兰老岛东北和运油船"清洋丸"相撞引爆深水炸弹而迅速沉没。

知识链接 >>

"友鹤事件",指 1934 年 3 月 12 日"友鹤"号在训练中倾覆,导致 72 人死亡,28 人失踪。"友鹤"号是千鸟级水雷艇的第 3 艘。千鸟级设计排水量 533 吨,却装着 3 门 127 毫米舰炮,两座双联 533 毫米鱼雷发射管,航速达到 30 节,加上高大的舰桥,战舰不免摇摇晃晃,建成不久就出现事故。

▲ 高速航行中的白露级驱逐舰

KAGERO-CLASS
阳炎级驱逐舰（日本）

■ 简要介绍

阳炎级驱逐舰是日本帝国海军在二战前建造的一型驱逐舰，是当时世界上典型的舰队驱逐舰。它是日本摆脱华盛顿条约和伦敦条约的约束后，完全按照日本海军建设思路设计生产的一型舰队驱逐舰。该级舰是日本总结数十年驱逐舰建造经验教训的结果，具有良好的稳定性，各方面比较平衡。太平洋战争开始时，阳炎级成为日本联合舰队驱逐舰队的骨干力量，在太平洋战争中参与了各大主要战役。

■ 研制历程

20世纪30年代初，日本海军对朝潮级驱逐舰不满。因为优先考虑武备，结果航程和速度都没有达到预期，舰艇的结构也不理想。于是，提出了新的"理想型"驱逐舰计划，决定由牧野茂技术大佐主持。阳炎级和其后改进型夕云级驱逐舰被称为"甲型驱逐舰"。在1937年的第三次海军军备补充计划中，阳炎级驱逐舰计划建造15艘，1939年的第四次海军军备补充计划中，追加了4艘，共计19艘。它们分别是：阳炎、不知火、黑潮、亲潮、初风、夏潮、雪风、早潮、矶风、天津风、时津风、浦风、滨风、谷风、野分、岚、萩风、舞风、秋云。

基本参数

舰长	118.49米
舰宽	10.82米
吃水	3.76米
排水量	2000吨（标准） 2490吨（满载）
航速	35节
续航力	5000海里/18节
动力系统	3座燃油锅炉 2台蒸汽轮机

▲ 阳炎级驱逐舰"天津风"号（Amatsukaze）

■ **作战性能**

阳炎级驱逐舰的武器装备是 50 倍口径 127 毫米 C 型双联装炮 3 座；单管 25 毫米高射炮 2 座（有变动）；92 式四联装 610 毫米重型鱼雷发射管 2 座，装备九三式氧气鱼雷，并带有布雷与扫雷具、鱼雷再装填装置；1942—1943 年，大部分阳炎级驱逐舰拆除后主炮塔，25 毫米防空炮增至 14 座，舰艉的布雷与扫雷具被移除，改为 4 座深水炸弹投掷器；1944 年，25 毫米防空炮增至 28 座，另外加装 12.7 毫米高射机枪 4 座。

▲ 阳炎级驱逐舰"不知火"号（Shiranui）

知识链接 >>

阳炎级驱逐舰的主要作用是担任护航，不能作为突击力量。太平洋战争爆发，此战中对驱逐舰的要求是要有强大的对空、对潜作战能力，阳炎级显然不具备，因此它被谑称为"缺乏第二次世界大战必要能力的舰艇"。最终结果是 19 艘阳炎级驱逐舰仅剩下一艘"雪风"号，其余全部战沉。

"雪风"号驱逐舰（日本）

"SNOWY WIND" DESTROYER

■ 简要介绍

"雪风"号驱逐舰是日本海军阳炎级 8 号舰，属于甲型驱逐舰。日本海军的驱逐舰经常投入激战区损耗率极高。"雪风"号参与过 16 次以上的作战并取得不少战果，自身却以近乎无损的状态存留至战争结束，简直就是奇迹，因此被称为"奇迹驱逐舰"。

■ 研制历程

"雪风"号驱逐舰于 1938 年 8 月开工，次年 3 月 24 日下水并被命名，1940 年 1 月 20 日竣工，后被配属到第二舰队第 2 水雷战队，配以"黑潮"号和"初风"号组成第 16 驱逐舰分队。

"雪风"号驱逐舰参加了太平洋战役大部分战斗，自身未受严重损伤，阵亡不到 10 人。后被改名"丹阳"号，编号 DD-12。1966 年 11 月 16 日退役，1971 年拆毁。

基本参数	
舰长	118.49米
舰宽	10.82米
吃水	3.76米
排水量	2000吨（标准） 2490吨（满载）
航速	35节
续航力	5000海里/18节
动力系统	3座燃油锅炉 2台蒸汽轮机

▲ "雪风"号驱逐舰在战后撤除武装设备，作为载运日军日侨回国的输送舰

■ **作战性能**

"雪风"号驱逐舰的武器装备是50倍口径127毫米C型双联装炮3座；单管25毫米高射炮2座（有变动）；92式4联装610毫米鱼雷发射管2座，并带有布雷与扫雷具；1942—1943年，拆除后主炮塔，25毫米防空炮增至14座，舰艉的布雷与扫雷具被移除，改为4座深水炸弹投掷器；1944年25毫米防空炮增至28座，另外加装12.7毫米高射机枪4座。

知识链接 >>

"雪风"号在美军对日本强烈的空袭中顽强地活了下来。一次回港的路上，"雪风"号和另一艘驱逐舰"初霜"号同行，不料却误入己方的水雷群，结果"雪风"号碰的水雷引信失效，"初霜"号被炸沉。随后"雪风"号被调回基地吴港，一直等待出击，其经历了数十次大空袭，却只中了一颗哑弹。

▲ "丹阳"号主炮换成三门美式单装127毫米炮，舰身涂装方式亦改为美军二次大战式涂装，舰舷编号"12"

AKIZUKI-CLASS
秋月级驱逐舰（日本）

■ 简要介绍

秋月级驱逐舰是日本帝国海军在二战期间建造的以防空为主要用途的一等驱逐舰，设计目的是保护主力舰队免受敌方空中攻击，被用于护卫航空母舰舰队，是乙型驱逐舰建造计划的唯一产物。秋月级是当时日本帝国海军联合舰队最大、最好的防空驱逐舰，是日本海军驱逐舰中唯——级采用单烟囱设计的，也是首先配备雷达的日本军舰之一。

■ 研制历程

一战后，水面舰艇开始面临越来越大的空中威胁。1936年，英美开始设计新型防空巡洋舰，并付诸建造。1937年，日本海军要求研制的军舰要具备强大的防空火力、良好的耐波性、相对较高的航速、长距离的续航能力等。日本在考虑建造费用、建造数量、船体和动力设备结合等一系列问题之后，最终决定采取驱逐舰大型化方案。1939年，这种防空舰被正式归入驱逐舰类别，称为乙型驱逐舰。秋月级一共生产了12艘，6艘在战争中被击沉。

基本参数

舰长	134.2米
舰宽	11.6米
吃水	4.2米
排水量	2701吨（基准） 3470吨（公试） 3878吨（满载）
航速	33节
续航力	8000海里 / 18节
舰员编制	263人（平时） 315人（战时）
动力系统	3座舰本式重油锅炉 2座舰本式涡轮

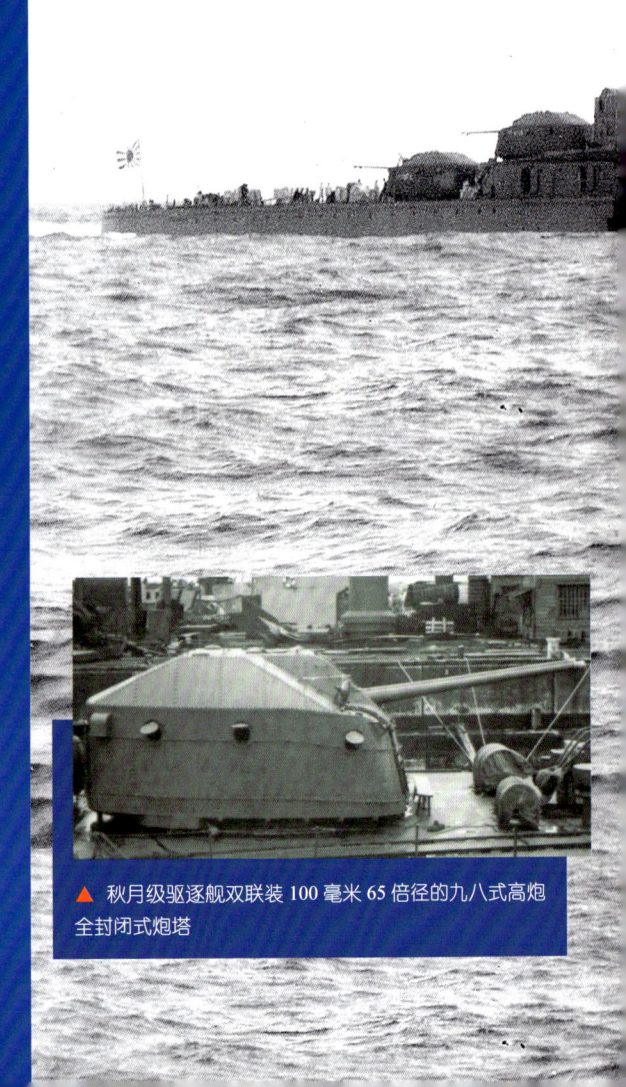

▲ 秋月级驱逐舰双联装100毫米65倍径的九八式高炮全封闭式炮塔

■ **作战性能**

秋月级驱逐舰的主武装是九八式100毫米双联装高射炮4座，前后各两座，背负式设置。舰桥顶部后面安装有高射炮指挥仪的三脚支柱，而露天式舰桥是防空指挥所所在地。烟囱后部是机关炮台，安装有九六式25毫米双联装机关炮2座，两舷各1座。机关炮台中央设置2米高测角测距仪，为25毫米机关炮指示目标数据。机关炮台后部还有1座九二式四型四联装610毫米鱼雷发射管，可发射九三式氧气鱼雷。发射管背后左侧甲板室内为再装填设备，除鱼雷管中携带4条鱼雷外，再装填设备中还储备4条鱼雷。

▲ "若月"号（Wakatsuki）着火沉没

知识链接 >>

1942年6月，日军在中途岛战役失败后，"秋月"号加入日本海军联合舰队。最初，"秋月"号成为航空母舰的护航防空舰。8月20日，随着瓜岛战局的开端，"秋月"号奉命南下，列入机动舰队，但是25日才抵达，错过了马莱塔海战。随后，瓜岛局势恶化，"秋月"号负担输送任务。一次遭遇到7架B-17的袭击，取得了击落1架的战果。

HARUNA-CLASS
榛名级直升机驱逐舰（日本）

■ 简要介绍

榛名级直升机驱逐舰是日本海上自卫队隶下的舰队领导直升机驱逐舰，日本将其称为"护卫舰"，根据英文名简称为"DDH"。首舰以预算编列年度昭和43年（1968年）也被称为43DDH，次舰以预算编列年度昭和45年（1970年）也被称为45DDH。外形上背负式安装的两门MK42型127毫米舰炮以及厚实的上层结构，营造出类似古典军舰的雄伟感。本级舰是用来替代规划中的反潜航空母舰（CVH），亦为日本直升机驱逐舰建造的初次尝试。

■ 研制历程

20世纪60年代，舰体稳定技术与直升机辅助降落设备的成熟，使得传统排水舰艇也能有效地操作直升机，所以日本防卫厅在1965年拟定"第三期防卫力整建计划"时，决定建造两艘直升机驱逐舰，每艘搭载3架HSS-2A/B反潜直升机。

首舰"榛名"号1970年3月19日在三菱重工长崎造船机械厂开工，1972年2月1日下水，1973年2月22日服役，2009年3月18日退役。2号舰"比叡"号1972年3月8日在石川岛播磨造船厂东京第二工厂开工，1973年8月13日下水，1974年11月27日服役，2011年3月16日退役。

基本参数	
舰长	153米
舰宽	17.5米
吃水	5.2米
排水量	4950吨（标准） 6800吨（满载）
航速	32节
舰员编制	370人
动力系统	2座锅炉 2台蒸汽涡轮

▲ 榛名级直升机驱逐舰侧视图

■ 作战性能

以反潜为主要任务的榛名级直升机驱逐舰配备有完整的舰载声呐、短程与中长程舰载反潜武装，并且能操作多达三架反潜直升机，反潜侦搜能力相当强大；防空能力的要求则仅限于点防御以供自卫，不过本舰在现代化改装后拥有由短程导弹、机炮式 CIWS 组成的两层式短程防空网，相当完善。

知识链接 >>

1977 年，榛名级"比叡"号驱逐舰参与环太平洋演习，在演习中，以"比叡"号为首的反潜艇队，经过长时间搜索，终于捕获并"击沉"一艘假想敌的美国核潜艇，这使美国海军对日本海上自卫队的反潜能力刮目相看。虽然此项演习使榛名级的反潜能力备受肯定，但当时日本参演舰艇尚未配备现代化作战系统。

▲ 榛名级直升机驱逐舰演习

TACHIKAZE-CLASS
太刀风级驱逐舰（日本）

■ 简要介绍

日本将太刀风级驱逐舰称为"护卫舰"。本舰是第二代的防空驱逐舰，也是日本海上自卫队最早广泛地电脑化的军舰。从其舰体、上层结构以及特殊的复合式烟囱/桅杆结构来看，堪称日本1967年推出的高月级护卫舰的放大版。

■ 研制历程

太刀风级驱逐舰共3艘，命名采用日本驱逐舰惯用的天文地理命名法中的风部。首舰"太刀风"于1973年6月19日安放龙骨，1974年12月17日下水，1976年3月26日服役，2007年1月15日退役。2号舰"朝风"号于1976年5月27日安放龙骨，1977年10月15日下水，1979年3月27日服役，2008年3月12日退役。3号舰"泽风"号于1979年9月14日安放龙骨，1981年6月4日下水，1983年3月30日服役，2010年6月25日退役。

基本参数	
舰长	142.9米
舰宽	14.3米
吃水	4.7米
排水量	3850吨（标准） 5200吨（满载）
航速	32节
续航力	4400海里/20节
舰员编制	277人
动力系统	2台蒸汽涡轮

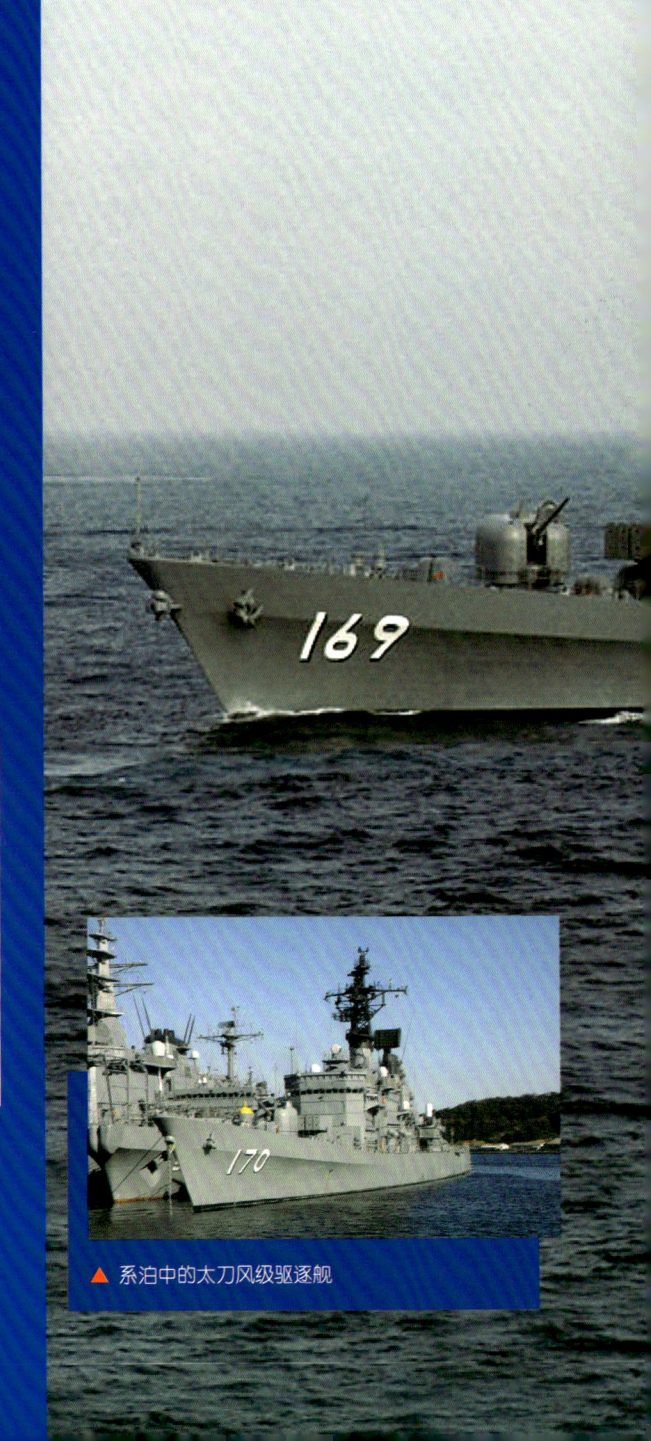

▲ 系泊中的太刀风级驱逐舰

■ 作战性能

太刀风级驱逐舰绝大部分的武装都与美国在 20 世纪 60 年代建造的亚当斯级驱逐舰相同，包括 MK-13 导弹发射装置、两门 MK-42 型 127 毫米舰炮、八联装"阿斯洛克"反潜火箭发射装置、三联装 324 毫米反潜鱼雷等。虽然使用全新的舰体，但太刀风级的防空作战能力还是跟其前辈"天津风"号差不多，都配备两部照明雷达与一座 MK-13 单臂导弹发射系统。太刀风级在服役期间经过改良，追加 MK-15 密集阵近程防御武器系统，并提高对反舰导弹的侦测能力。

知识链接 >>

"天津风"号，是日本帝国海军的阳炎级驱逐舰 9 号舰。1939 年 10 月 19 日下水。1944 年 1 月 16 日在从事运输作战时，被美潜水舰鱼雷击中，舰体前部断裂，不能航行，被救至西贡进行抢修。1945 年 4 月 6 日，在厦门湾受到美国 B-25 轰炸机攻击，中弹严重，受损后靠岸搁浅，并受到武装攻击，全体船员弃舰并凿沉。

▲ 高速航行中的太刀风级驱逐舰

HATAKAZE-CLASS
旗风级驱逐舰（日本）

■ 简要介绍

旗风级驱逐舰，日本将其称为"护卫舰"。是日本海上自卫队的第三代导弹驱逐舰，是日本海上自卫队第一种采用复合燃气涡轮与燃气涡轮（COGAG）动力系统的舰艇，而这也是本级舰与太刀风级最大的区别。旗风级的防空能力并未比太刀风级高多少，同样一次仅能导引两枚"标准"SM-1防空导弹接战，无法应对饱和攻击，这是后三艘本级舰遭到取消的原因。1988年，日本海上自卫队便决定从美国引进吨位、整体战力与技术层次更高的宙斯盾驱逐舰，即旗风级后面的金刚级驱逐舰。

■ 研制历程

旗风级导弹驱逐舰是继太刀风级驱逐舰之后，日本海上自卫队于1980年初期编列预算建造的旗风级驱逐舰。日本海上自卫队最初预计建造5艘旗风级，不过在1985年度的预算中，后3艘本级舰的建造计划遭到取消。

首舰"旗风"号于1983年5月20日开工，1984年11月9日下水，1986年3月27日服役。2号舰"岛风"号于1985年1月13日开工，1987年1月30日下水，1988年3月23日服役。

基本参数

舰长	150米
舰宽	16.4米
吃水	4.8米
排水量	4600吨（标准） 5900吨（满载）
航速	30节
续航力	4500海里/20节
舰员编制	260人
动力系统	劳斯莱斯TM3B（COGAG组合） 2台燃气轮机

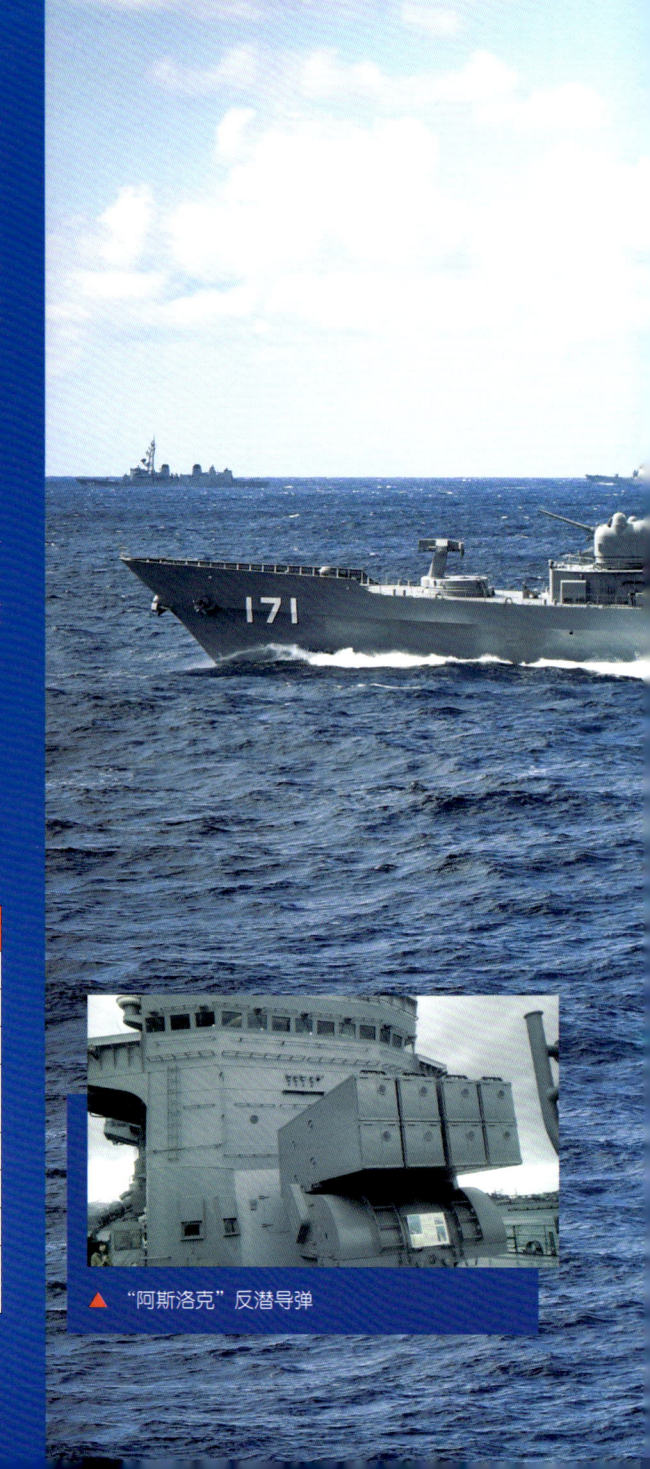

▲ "阿斯洛克"反潜导弹

■ **作战性能**

旗风级驱逐舰大部分的武装与太刀风级相同,最主要的改进在于加装两组MK-141四联装"鱼叉"反舰导弹发射器,使本级舰在不牺牲"标准"SM-1防空导弹的情况下拥有长程反舰火力;此外,旗风级将MK-13导弹发射系统移至舰艏A炮位,使其射界较太刀风级的MK-13更加理想。旗风级舰艏的MK-42舰炮安装在一个高出舰艏甲板的结构物上,避免前方射界被MK-13阻挡;不过此举也使得舰炮后方的"阿斯洛克"发射系统的前方射界受到更大的限制。旗风级舰艏的舷弧高尽可能地降低,以减少前方武器射界受到的限制。作战系统方面,使用的是OYQ-4。旗风级依旧不设置直升机库,但是在舰艉设有直升机起降甲板,而前一代的太刀风级只有规划直升机垂直补给区。

▲ "鱼叉"反舰导弹

知识链接 >>

日本防卫经费日益紧缩,海上自卫队主要经费支出将支持P-1反潜机与苍龙级潜艇之后的新一代潜艇等,所以没有对护卫舰项目进行太多投资。防卫省将接替两艘旗风级的新防空舰艇经费支出在2014—2018年编列预算与规划,并在2019—2023年展开建造工作,两舰分别在2020年与2022年开工。

HATSUYUKI-CLASS
初雪级驱逐舰（日本）

■ **简要介绍**

初雪级驱逐舰是日本海上自卫队隶下的第三代驱逐舰，本级舰是日本1977年的第4次防卫力量整备计划（4次防），将防空驱逐舰（DDA）、指挥驱逐舰（DDC）和反潜驱逐舰（DDK）进行整合的产物，以结束舰种繁多杂乱的现象。初雪级拥有许多当时一流的先进科技，它是日本第一种采用全燃气涡轮动力系统的主力作战舰艇，是日本海上自卫队发展史以及舰艇技术的代表。

■ **研制历程**

20世纪60年代之前，日本海上自卫队的山云级、峰云级等反潜驱逐舰都是纯粹的反潜舰艇，执行任务的能力相当有限。1967年推出的高月级驱逐舰与先前的反潜驱逐舰并无太大差异。

在1977年的第4次国防建设计划中，日本朝着"通用化、多机能化"的方向发展，除了反潜以外还可执行巡逻、反水面等多种任务。初雪级驱逐舰共建造12艘。

基本参数	
舰长	130米
舰宽	13.6米
吃水	4.2米
排水量	2950吨（标准） 4000吨（满载）
航速	30节
续航力	4000海里/18节
舰员编制	200人
动力系统	2座罗尔斯·罗伊斯SM1C燃气涡轮发动机 2座罗尔斯·罗伊斯TM3B燃气涡轮发动机

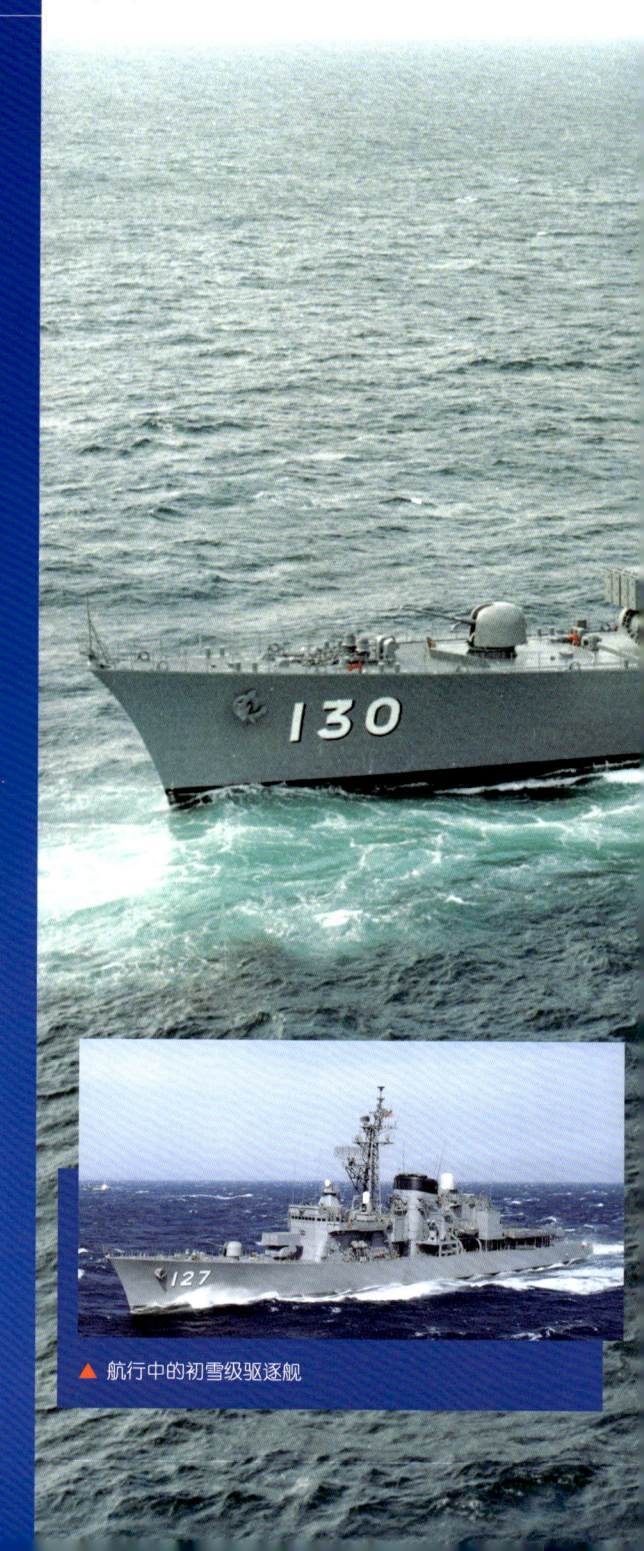

▲ 航行中的初雪级驱逐舰

■ 作战性能

初雪级驱逐舰拥有更加先进的装备以及完整而全面的作战能力，舰上的武装除了"阿斯洛克"反潜火箭、鱼雷发射器、127毫米舰炮之外，还包括"海麻雀"短程防空导弹以及密集阵近程防御武器系统、"鱼叉"反舰导弹，能有效地执行长距离反舰与点防空自卫等任务。其前辈高月级到20世纪80年代才追加上述新型防空与反舰武器。初雪级另一个相当重要的改进是设置大型机库与直升机甲板，能操作大型反潜直升机。

知识链接 >>

初雪级的"岛雪"号于1998年3月18日从海上自卫队战备阵容中除名，转为训练舰。由于新型高波级驱逐舰陆续服役，初雪级淡出第一线，转入地方队的护卫队。2010年6月25日，首舰"初雪"号成为最早除役的本级舰。可是，日本由于防卫经费紧张，无法推出新舰来替换初雪级，因此大部分初雪级还在继续服役。

▲ 初雪级驱逐舰俯视图

ASAGIRI-CLASS
朝雾级驱逐舰（日本）

■ 简要介绍

朝雾级驱逐舰是日本海上自卫队以反潜为主的多用途驱逐舰。它是先前初雪级驱逐舰的后续舰，也是日本海上自卫队最早一批采用复合燃气涡轮与燃气涡轮（COGAG）动力系统的护卫舰只。与初雪级相较，朝雾级的武装虽然不变，但在声呐、雷达、舰体材料与轮机控制等方面有所改良。命名方面，本级舰依照"天文地理名"中的"雾部"加以命名。

■ 研制历程

初雪级驱逐舰是日本将舰队杂乱舰种整合为一种多功能舰艇的初次尝试，虽然取得了不小的进步，但初雪级排水量过小，舰面空间狭小，难以有效合理地配置各种武器，即使在一般性的战斗中也很难发挥应有的能力。

日本海上自卫队于1984年开始研制朝雾级驱逐舰，用于替代初雪级驱逐舰。本级舰共8艘，首舰"朝雾"号1985年2月动工，1986年9月下水，1988年3月服役。最后一艘"海雾"号于1988年10月31日开工，1989年11月9日下水，1991年3月12日服役。

基本参数	
舰长	137米
舰宽	14.6米
吃水	4.5米
排水量	3500吨（标准） 4900吨（满载）
航速	30节
舰员编制	220人
动力系统	COGAG 4座川崎Spey SM-1A燃气涡轮

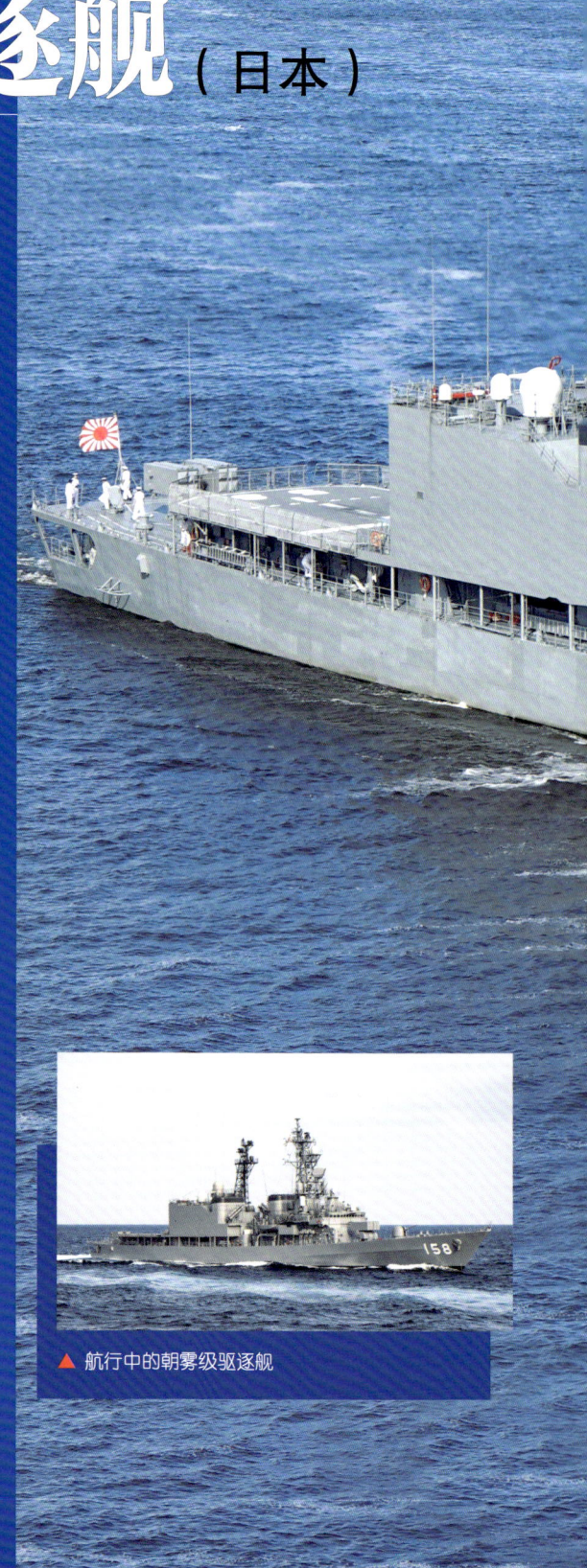

▲ 航行中的朝雾级驱逐舰

■ **作战性能**

朝雾级驱逐舰的主要武装仍为一门奥托·梅莱拉76毫米舰炮、两座四联装反舰导弹发射装置、一座八联装74式"阿斯洛克"反潜导弹发射装置以及一座八联装MK-29"海麻雀"防空导弹发射装置。主要以美式武器为主。

▲ 朝雾级驱逐舰侧视图

知识链接 >>

随着山云级的"青云"号和"秋云"号训练舰陆续除役,加上村雨级/高波级驱逐舰已经成为海上自卫队通用驱逐舰的骨干,轮到朝雾级开始降编为训练舰。2004年3月18日,第一艘降编的是"山雾"号,编号换成TV-3515;2005年2月16日,"朝雾"号转入训练舰队,编号换成TV-3516。

MURASAME-CLASS
次代村雨级驱逐舰（日本）

■ 简要介绍

次代村雨级驱逐舰是日本海上自卫队第三代驱逐舰，称为"次代"，是由于1959年有过村雨级驱逐舰服役。本级舰的基本构型、装备与技术水准等已经跳脱出初雪级、朝雾级的设计思想，完全是新时代的产物。它以反潜任务为主，防空则仅限于短程点防御。它是世界上第一种投入服役的全面配备舰载有源相控阵雷达的舰艇，即三菱电子的OPS-24 D波段三维对空搜索雷达，村雨级以OPS-24的高性能搭配OYQ-9的强大数据处理能力，使得其虽然不是防空舰，但仍具备相当程度的战场空域管理能力。

■ 研制历程

由于改进版的村雨型高波级驱逐舰取代了部分战力，次代村雨级原始预计建造14艘，后来缩减为9艘。

首舰"村雨"号于1993年8月18日开工，1994年8月23日下水，1996年3月12日服役，隶属横须贺第1护卫队群。

末舰"有明"号于1999年5月18日开工，2000年10月16日下水，2002年3月6日服役，隶属佐世保第3护卫队群。

基本参数	
舰长	151米
舰宽	17.4米
吃水	5.2米
排水量	4550吨（标准） 6200吨（满载）
航速	30节
续航力	6000海里/20节
舰员编制	166人
动力系统	2台LM2500燃气涡轮 2台Spey SM-1C燃气涡轮

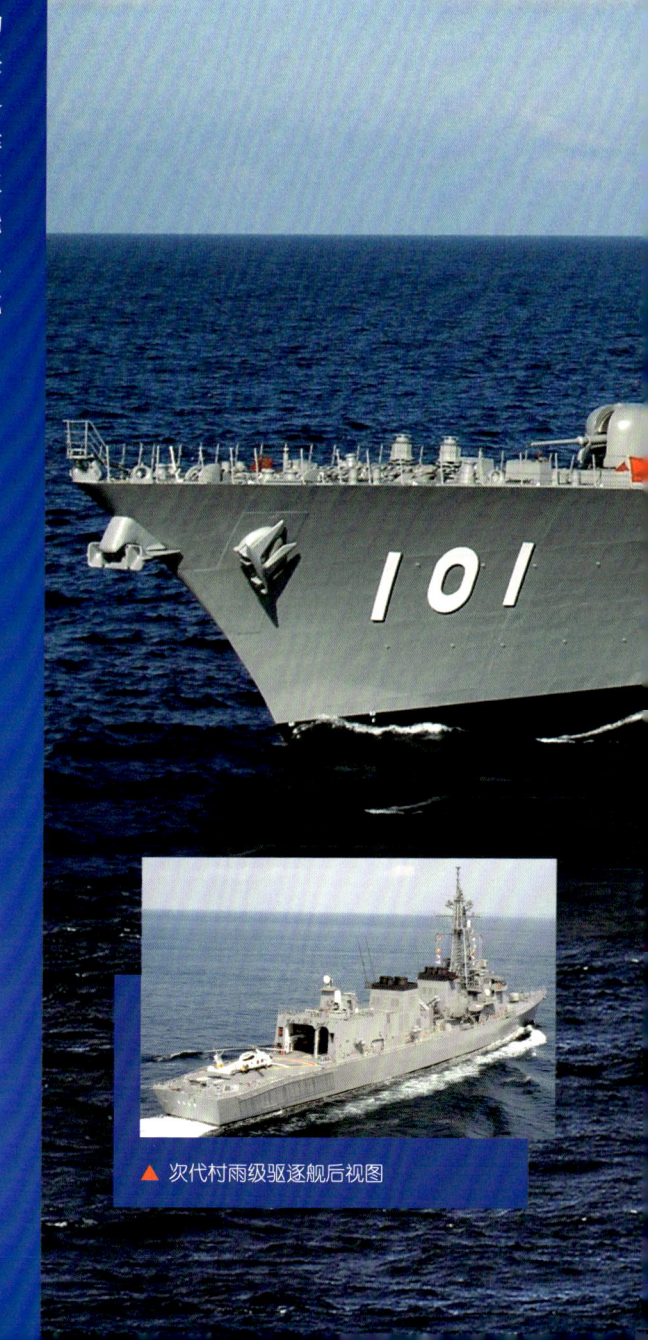

▲ 次代村雨级驱逐舰后视图

作战性能

次代村雨级驱逐舰采用 MK-41 垂直发射系统，舰上 2 组八联装 MK-41 模块安装于舰桥前方的 B 炮位，装填美制 RUM-139 垂直发射反潜火箭（VLA）。此外，前烟囱两侧各装有一具三联装 324 毫米 HOS-302 鱼雷发射器，可装填美制 MK-46 或由日本自制、性能相当于 MK-46 Mod5 的 89 式鱼雷，也可使用更新型的 97 式鱼雷。反潜装备为一架日本海上自卫队制式的 SH-60"海鹰"反潜直升机。在前、后烟囱之间设置一组 MK-48Mod0 垂直发射器，主要发射"海麻雀"防空导弹，数量为 16 管，主炮为奥托·梅莱拉 76 毫米舰炮。

知识链接 >>

"海麻雀"防空导弹是美国海军全天候、近程、低空点防域防空导弹，用来对付低空飞机、反舰导弹和巡航导弹。该导弹于 1964 年研制，1969 年装备部队。弹径 240 毫米，弹重 228 千克，采用半主动雷达寻的制导方式。1968 年研制其改进型，改进后的导弹具有低空制导和引信低空引爆能力。

▲ 次代村雨级驱逐舰俯视图

TAKANAMI-CLASS
高波级驱逐舰（日本）

■ **简要介绍**

高波级驱逐舰是日本海上自卫队隶下的多用途驱逐舰，以反潜任务为主，防空则仅限于短程点防御。本级舰原计划先于秋月级驱逐舰安装海上自卫队新一代有源相控阵雷达00式射击指挥系统三型（FCS-3），但由于舰体冗余缺陷作罢，装备与金刚级驱逐舰相同的奥托·梅莱拉127毫米舰炮、Mk-41垂直发射系统、改良火控系统、新型声呐，"海麻雀"防空导弹已经被更换为"改进型海麻雀"ESSM（RIM-162）导弹。

■ **研制历程**

高波级是1998年驱逐舰（10DD）的产物，系以次代村雨级的基本构型为基础进行改良。最初海上自卫队打算建造11艘，再加上9艘次代村雨级，就能全面替换原本海上自卫队4个第一线护卫队群的12艘初雪级和8艘朝雾级。随着日本财政状况逐渐走下坡路，海上自卫队未能争取到足够的预算，最后只订购5艘高波级。

首舰"高波"号于2000年4月25日开工，2001年7月26日下水，2003年3月12日服役。5号舰"凉波"号于2003年9月24日开工，2004年8月26日下水，2006年2月16日服役。

基本参数	
舰长	151米
舰宽	17.4米
吃水	5.3米
排水量	4650吨（标准） 6300吨（满载）
航速	30节
续航力	6000海里/20节
舰员编制	175人
动力系统	2台LM2500燃气涡轮机 2台SM-1C燃气涡轮机

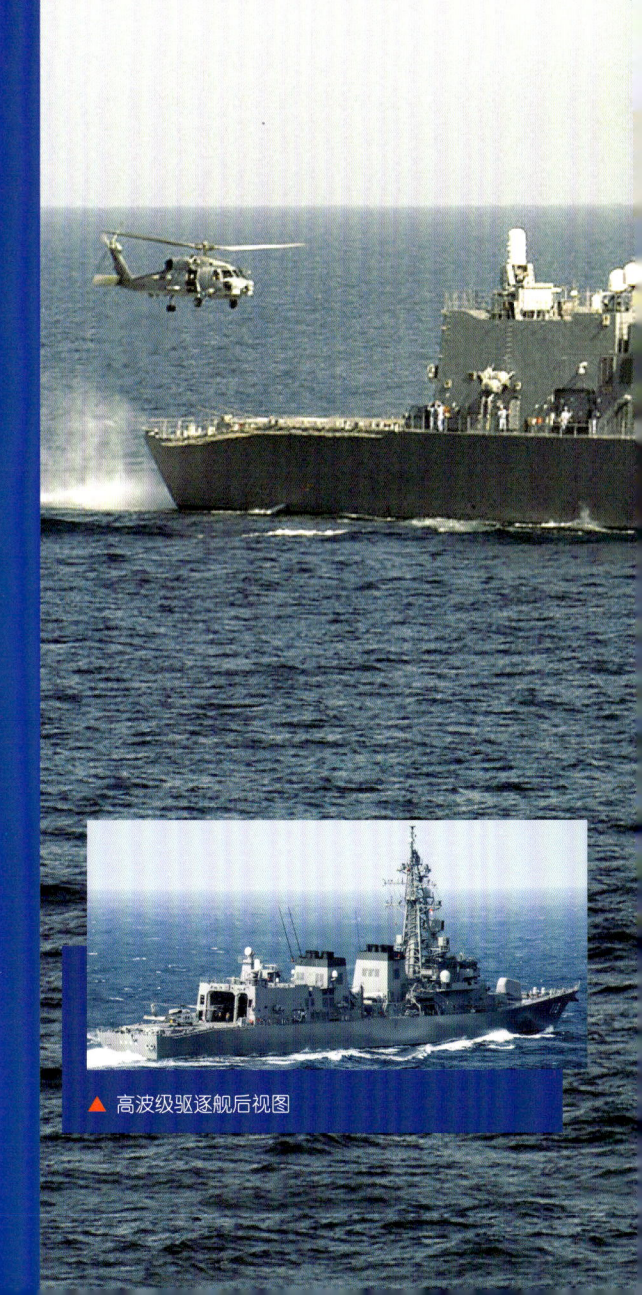

▲ 高波级驱逐舰后视图

■ 作战性能

高波级驱逐舰在武装方面的最大改进就是取消 MK48 VLS，舰艏 MK-41 垂直发射系统则扩充至 4 组八联装共 32 管，并凸出于舰艏甲板。高波级具有优于次代村雨级的武器运用弹性，可视任务不同而调整 VLA 与"海麻雀"导弹的比例。从 2004 年开始引进最先进的 RIM-162"改进型海麻雀"ESSM 配备于高波级与村雨级上，每艘高波级装备 16 枚，不仅机动性、射程与拦截能力都比原先 RIM-7M／P 大幅增加，更由于采用折叠式弹翼使得 MK-41 一个发射管可装填 4 枚 ESSM，如此仅需 4 个发射槽就能打发 16 枚 ESSM，剩下 28 个弹位都可装载 VLA 反潜火箭（村雨级只有 16 枚），而且只要挪出少数发射管便能携带大量的 ESSM，整体战力增加很多。

知识链接 >>

2008 年，鉴于索马里海盗日渐猖狂，联合国安全理事会分别通过第 1816 号和 1838 号决议案，允许外国军舰进入索马里领海追捕海盗，并可使用"必要方法"打击在国际水域活动的海盗。2009 年 3 月 14 日，日本海上自卫队派遣的第一批护航舰艇启程，由高波级的"涟波"号以及村雨级的"五月雨"号组成，两舰各带两架直升机前往索马里海域。

▲ 高波级驱逐舰俯视图

KONGO-CLASS
金刚级驱逐舰（日本）

■ 简要介绍

金刚级驱逐舰是日本海上自卫队配属的有宙斯盾战斗系统的导弹驱逐舰，是全世界除了美国海军之外最早出现的宙斯盾舰。本级舰是为了提高防空能力而建造。在 2007 年爱宕级驱逐舰服役之前，为日本排水量最大的作战舰艇。金刚级在设计上与美国伯克级驱逐舰 Flight-1 构型基本相同，但舰桥结构更为庞大，取消了伯克级的轻质十字桅杆，改用其传统的重型四角格子桅。为了维持日本的非战宪法，日本将本级舰仍称为"护卫舰"，舰上并没有配备对地攻击性的"战斧"巡航导弹。

■ 研制历程

1988 年，日本海上自卫队正式决定建造配备宙斯盾系统的大型导弹驱逐舰，仿美国伯克级 Flight-1 导弹驱逐舰，并于 1990 年年底提出的"次期中期防卫力整备计划"（1991—1995 年度）中正式列为军事装备采购项目。

金刚级驱逐舰一共建造了 4 艘，首舰"金刚"号于 1990 年 5 月 8 日在三菱重工长崎厂开工，1991 年 8 月 26 日下水，1993 年 3 月 25 日服役。末舰"鸟海"号于 1995 年 5 月 29 日在石川岛播磨重工开工，1996 年 8 月 27 日下水，1998 年 3 月 20 日服役。

■ 作战性能

金刚级驱逐舰舰艏装有一门意大利奥托·梅莱拉单管 127 毫米 54 倍径自动舰炮，舰桥中部装有 2 组四联装"鱼叉"反舰导弹发射器。侦测与电子战装备方面，装备的是大名鼎鼎 AN/SPY-1D 相控阵雷达，反潜方面采用日本自制的 OQA-201 反潜战斗系统。在舰艏主炮后及舰桥后装有 MK-41 垂直发射系统，配置为 74 枚美国"标准"2 防空导弹以及 16 枚垂直发射反潜火箭。金刚级没有直升机库，但是由于配备 OQR-1 直升机数据链，因此仍然具备与 SH-60J 反潜直升机协同作战的能力。

基本参数

舰长	161 米
舰宽	21 米
吃水	6.2 米
排水量	7250 吨（标准） 9485 吨（满载）
航速	30 节
续航力	6000 海里 / 20 节
舰员编制	300 人
动力系统	4 台 LM2500 燃气涡轮

▲ 金刚级驱逐舰发射"标准"Ⅲ型导弹

知识链接 >>

金刚级4艘驱逐舰服役后，分别配置在日本海上自卫队的4个护卫群。911事件后，日本通过"反恐特别措施法"，开始活跃在印度洋上，例如为执行国际联合任务的盟国舰艇进行海上加油，搜救盟国海上拦检的勤务人员等。

▲ 金刚级驱逐舰发射防空导弹

ATAGO-CLASS
爱宕级驱逐舰（日本）

■ 简要介绍

爱宕级驱逐舰是日本在金刚级驱逐舰的基础上开发的日本版伯克级驱逐舰，是日本海上自卫队隶下的重型防空导弹驱逐舰。爱宕级改用美制宙斯盾系统 Baseline7.1 版本，在金刚级的基础上将舰体拉长 4 米，并增加了附有机库的尾楼结构，这使得爱宕级成为日本海上自卫队第一种具备完整直升机驻舰操作能力的防空驱逐舰。为了维持日本的非战宪法，日本将本级舰仍称为"护卫舰"，舰上并没有装置对地攻击性的"战斧"巡航导弹。在服役当年成为西太平洋各国海军吨位最大的防空驱逐舰，次年被韩国海军的世宗大王级驱逐舰打破。

■ 研制历程

20 世纪 90 年代末期，日本以朝鲜弹道导弹威胁为借口，提出了海上弹道导弹防御的需求。因此，日本决定在金刚级的基础上发展一型拥有强大区域防空能力和一定拦截弹道导弹能力的新型宙斯盾驱逐舰。

2000 年 12 月，正式批准建造 2 艘新型宙斯盾驱逐舰，以美国海军伯克级驱逐舰"平克尼"号为蓝本。舰名均沿用二战时期日本海军巡洋舰的舰名。

基本参数	
舰长	165米
舰宽	21米
吃水	6.2米
排水量	7700吨（标准） 10050吨（满载）
航速	30节
续航力	7000 海里 / 19节
舰员编制	310人
动力系统	4台LM2500燃气涡轮机

▲ 90 式反舰导弹

■ **作战性能**

爱宕级驱逐舰装备 2 组美制 MK-41 型导弹垂直发射系统，包括舰艏的 64 个发射单元和直升机库顶部的 32 个发射单元。反舰为 2 座四联装"鱼叉"导弹发射装置或 2 座四联装 90 式反舰导弹（SSM-1B）发射装置（备有 8 枚 90 式导弹）。

为了增强防护和生存力，舰身和上层建筑全部采用高碳镍铬钼钢，具有很强的抗冲击性。全舰装设了三防（防护核、生物和化学武器）用的过滤通风系统，在遭到核生化武器袭击的情况下，舰内增压系统启动，使舱内气压高于外界并与外界空气完全隔绝。在设计上较金刚级更加重视隐身性能。

知识链接 >>

美国海军的 MK-41 型导弹垂直发射系统（VLS）是一种先进的舰载导弹储运/发射装置。它是由马丁·玛利埃塔公司（后来与洛克希德公司合并）于 1977 年开始研制的世界上第二种导弹垂直发射装置，也是目前世界最先进的导弹发射系统。具有隐蔽性强、发射速度快（最高达 1 枚/秒）、反应时间短、可全方位攻击等优点。

▲ MK-45 舰炮

日向级直升机驱逐舰（日本）

HYUGA-CLASS

■ 简要介绍

日向级直升机驱逐舰是日本海上自卫队隶下的大型直通甲板直升机驱逐舰，日本将其称为"护卫舰"。本级舰采用与航空母舰相同的平顶全通式舰面起降场，可停驻11架直升机。其各项设计性能完全着眼于高强度的正规舰队作战，不必为了规划载运空间而增加排水量，或者因此降低舰艇的战术性能。本级舰设有大型机库但未设坞舱，且本级舰始终未证实具备固定翼舰载机操作能力，这是其与两栖攻击舰最大的区别。

■ 研制历程

为了取代20世纪70年代建造的两艘榛名级直升机驱逐舰，日本防卫省在2000年提出的2001—2005年度中期防卫力整建计划中，首度提出了新一代的直升机母舰，名为"平成16年度直升机驱逐舰计划"（16DDH型）。

两艘日向级均由石川岛播磨重工横滨厂承造，首舰"日向"号2006年5月11日开工，2007年8月23日下水，2009年3月18日服役，隶属日本海上自卫队第1护卫队群第1护卫队。2号舰"伊势"号2008年5月30日开工，2009年8月21日下水，2011年3月16日服役，隶属日本海上自卫队第4护卫队群第4护卫队。

基本参数

舰长	197米
舰宽	33米
吃水	7米
排水量	13950吨（标准） 17000吨（满载）
航速	30节
舰员编制	347人
动力系统	4台LM-2500 IEC燃气涡轮

■ 作战性能

防空方面，日向级直升机驱逐舰的主要对空侦测/射控装备为主动式相控阵雷达，负责对空搜索/追踪以及舰上"改进型海麻雀"ESSM短程防空导弹的照射导控。舰艉配置两组八联装 MK-41 VLS，发射防空和反潜导弹。除了硬杀手段外，还配备干扰弹发射器和曳航具四型鱼雷对抗系统。反潜方面，日向级可搭载 11 架自卫队的各型直升机，其本身也配备了两组三联装 HOS-303 鱼雷发射器。

知识链接 >>

石川岛播磨重工是日本一家重工业公司,也是日本重要的军事防务品供应商。公司起源于 1853 年,当时,江户幕府指令成立"石川岛造船厂"。一战后,石川岛造船厂开始涉足汽车及飞行器制造业务。二战时,参与建造军舰及飞行器。二战后,通过并购继续壮大,2007 年更名为 IHI 株式会社。

▲ 日向级直升机驱逐舰演练中

IZUMO-CLASS
出云级直升机驱逐舰（日本）

■ **简要介绍**

出云级直升机驱逐舰是日本海上自卫队的大型直升机驱逐舰，亦为海上自卫队有史以来建造的最大的作战舰艇。本级舰共两艘，取代两艘白根级直升机驱逐舰。出云级是日向级的放大改良版，仍沿用全通式飞行甲板、右舷舰岛等航空母舰布局，可容纳14架直升机，同时起降操作5架直升机。出云级本身的正规作战装备较日向级简化，但增加了有效支援国际维和与人道支援的设施。在一定程度上具有支援登陆作战的能力，但是在缺乏滑跃式甲板的情况下，没有有效部署F-35B进行攻击性任务的能力。

■ **研制历程**

2001年，日本防卫省提出未来新型"直升机驱逐舰"概念。

2009年8月31日，日本防卫省完成2010年防卫预算的编列，包括建造一艘"直升机驱逐舰"。2011年10月初，又预算编列一艘"直升机驱逐舰"。

首舰"出云"号于2012年1月27日在石川岛播磨重工海事公司东京厂安放龙骨，2015年3月25日服役。2号舰"加贺"号于2013年10月7日开工，2017年3月22日服役。

基本参数	
舰长	248米
舰宽	38米
吃水	7.5米
排水量	19500吨（标准） 26000吨（满载）
航速	30节
舰员编制	470人
动力系统	COGAG 4台通用电气LM-2500燃气轮机

▲ 出云级直升机驱逐舰正视图

■ 作战性能

出云级直升机驱逐舰拥有完善的指挥设施，包括日本构建的"海幕"卫星数据传输/指挥系统以及多种与海上自卫队、美军兼容的数字数据传输和通信系统。除了本舰的战情中心（CIC），还有旗舰司令部作战中心（FIC），而多功能舱室可作为统合任务部队司令部，可容纳100名幕僚人员。2014年度，日本又编列预算，进一步修改、完善出云号电子会议室的指管通情设施，作为新组建的"水陆机动团"（两栖作战兵力）的指挥中枢，以应对日本日益重视的"离岛夺还"作战。

自卫防空方面，出云级配备两座海拉姆短程防空导弹系统以及两座密集阵近防系统。2011年9月初，日本购买了4套海拉姆11联装短程防空导弹系统，用于出云级之上。

此外，出云级另外增设日向级所没有的车辆滚装（RORO）甲板，可容纳陆上自卫队3.5吨级卡车50辆，并可输送400名部队人员，非常情况下能容纳4000人。

▲ 出云级直升机驱逐舰侧视图

知识链接 >>

密集阵近防系统是指MK-15Phalanx Close-In Weapon System，泛用于美国海军及20个以上盟国海军的各级水面作战舰艇上，是一种以反制导弹为目的而开发的近程防御武器系统。1967年，密集阵近程防御系统开始构想规划。1977年在美国海军武器测试舰"比吉洛"号上测试。1978年由通用动力公司波莫纳厂开始量产，1980年正式服役。目前由雷神公司制造。

HOBART-CLASS
霍巴特级驱逐舰（澳大利亚）

■ 简要介绍

霍巴特级驱逐舰是皇家澳大利亚海军隶下搭载宙斯盾作战系统的防空驱逐舰，是冷战结束以来皇家澳大利亚海军转型动作的最终体现。本级舰是西班牙主力舰艇 F-100 型阿尔瓦罗·巴赞级护卫舰的改进版本，也是皇家澳大利亚海军的第一种专用防空驱逐舰，亦为其建军以来所拥有的最大吨位的驱逐舰。

■ 研制历程

1999 年，澳大利亚海军的珀斯级驱逐舰退役以后，澳大利亚海军具备区域防空能力的舰艇仅有 6 艘阿德莱德级护卫舰，而 1996 年开始服役的澳新军团级护卫舰也仅仅具备发射"海麻雀"的能力。澳大利亚海军觉得防空战能力不容乐观，新舰艇的编列刻不容缓。

2001 年，澳大利亚向外界公布了命名为 SEA 4000 计划的大型对空作战驱逐舰建造需求，西班牙 F-100 团队夺标。

首舰"霍巴特"号于 2012 年 9 月 6 日开工，2017 年 9 月 23 日服役。2 号舰"布里斯班"号于 2014 年 2 月 3 日开工，2018 年 10 月 27 日服役。3 号舰"悉尼"号于 2015 年 11 月 19 日开工，2020 年服役。

基本参数	
舰长	147.2米
舰宽	18.6米
吃水	5.17米
排水量	7000吨
航速	28节
续航力	5000海里 / 18节
舰员编制	202人
动力系统	CODOG 2座LM2500-SA-MLG38燃气涡轮 2台Caterpillar Bravo 16 V Bravo柴油机

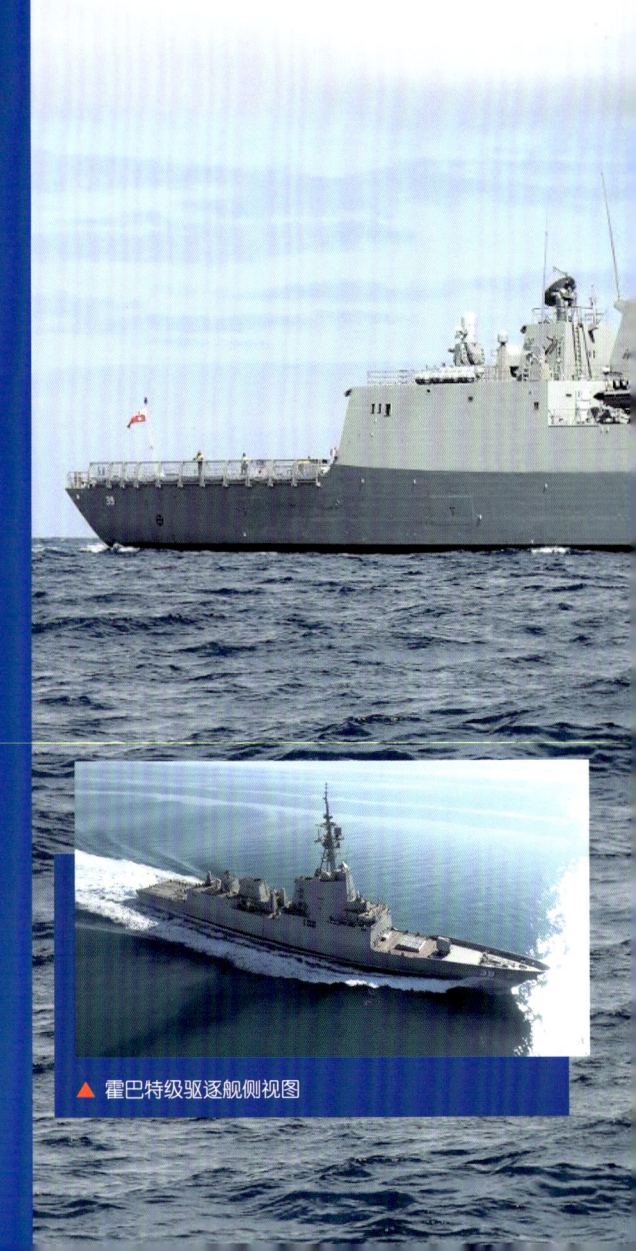

▲ 霍巴特级驱逐舰侧视图

■ 作战性能

霍巴特级驱逐舰舰艇配备一座 MK-45 Mod4 型 127 毫米 62 倍径舰炮，舰炮后方 48 管 MK-41 垂直发射装置，可装填美制"标准"SM-2 区域防空导弹与 ESSM 近程防空导弹。反潜方面，霍巴特级配备新型主/被动拖曳阵列声呐，与宙斯盾系统整合，武装则为 MU-90 反潜鱼雷。鱼雷发射系统为两座 MK-32 Mod9 双联装 324 毫米鱼雷管。舰载直升机方面，每艘霍巴特级将配备一架 MH-60R 反潜直升机。为了强化近距离水面作战能力，除了设置在机库顶、具备反水面模式的 MK-15 Block 1B 密集阵近程防御武器系统之外，也加装由以色列/美国合制的台风 MK-25 25 毫米遥控武器站系统，炮身为大毒蛇 M242 机炮，每套武器站搭配一套拉斐尔·特普利特稳定式瞄准仪。

知识链接 >>

MU-90 反潜鱼雷是由法国和意大利两国联合组建的欧洲鱼雷公司研制的一种性能更长、能满足未来反潜战要求的新一代轻小型通用反潜鱼雷。该鱼雷可供水面舰艇、反潜直升机、固定翼飞机使用，用于对付能快速机动、有隐身能力、使用主/被动对抗器材的各种核动力潜艇和常规潜艇。

▲ 霍巴特级驱逐舰俯视图

HERCULES-CLASS
大力神级驱逐舰（阿根廷）

■ 简要介绍

大力神级驱逐舰是20世纪70年代服役于阿根廷海军的英国42型导弹驱逐舰的改进版本，共2艘。1982年的马岛战争中，英国派出2艘42型导弹驱逐舰作战，阿根廷也派出2艘大力神级导弹驱逐舰，形成了海战史上少有的同型军舰对抗局面。

■ 研制历程

20世纪70年代初，阿根廷和英国还处于"蜜月"阶段，阿根廷向英国购买了2艘最先进的42型导弹驱逐舰，根据协议规定在英国建造一艘，在阿根廷建造一艘，称为大力神级。首舰"大力神"号于1970年5月开工，1971年6月下水，1976年7月服役。

基本参数	
舰长	125米
舰宽	6米
吃水	5.2米
排水量	4100吨（满载）
航速	28节
舰员编制	238人（改装前） 476人（改装后）
动力系统	2台劳斯莱斯-奥林帕斯TM3B高速燃气涡轮机 2台劳斯莱斯-泰恩RM1A巡航燃气涡轮机

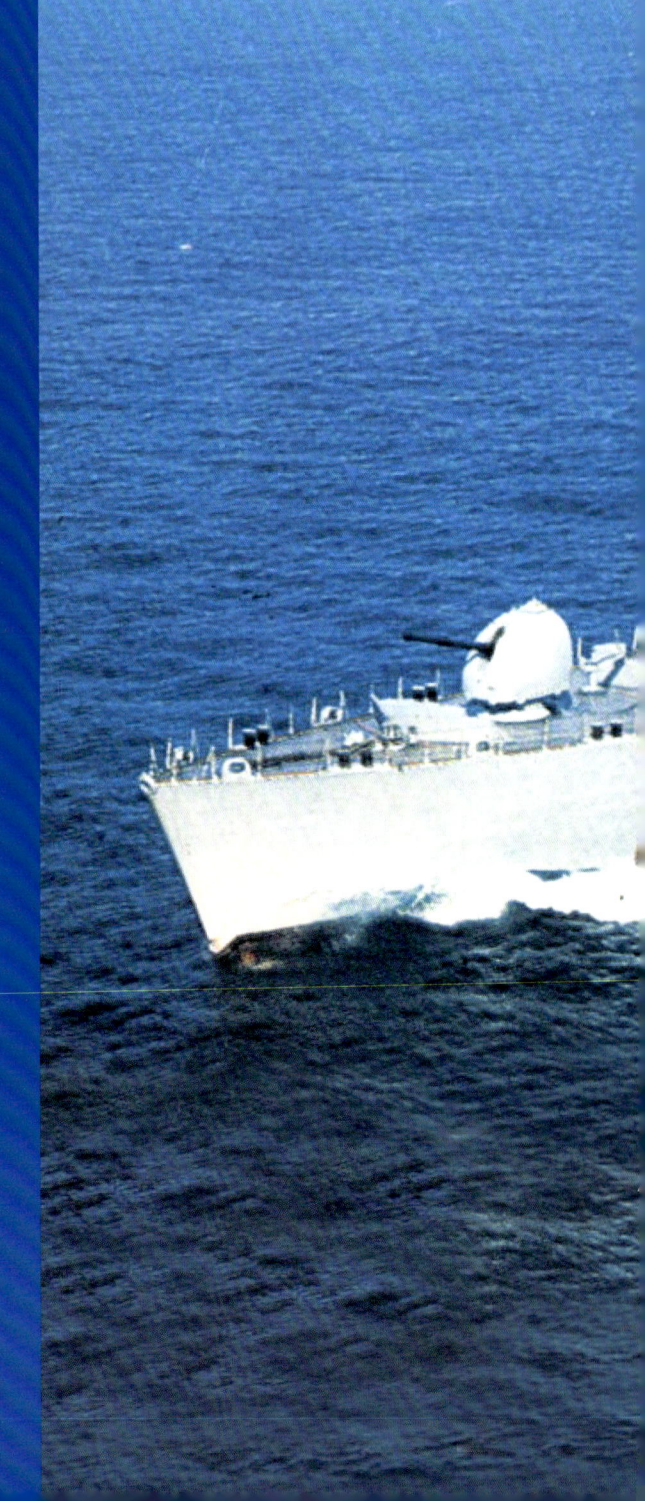

■ 作战性能

与英国皇家海军的 42 型驱逐舰不同，大力神级驱逐舰的烟囱上有两个延伸向外侧的圆形排气口，这是其他 42 型舰所没有的识别特征。本级舰主要武器是一门 114 毫米舰炮和一个双联装"海标枪"中程舰空导弹发射装置（备弹 22 枚），导弹射程 54 千米，速度大于 850 米/秒，主要拦截中高空飞行的战机、反舰导弹等，也有一定的反舰能力。此外，舰上还有两座三联装的 324 毫米反潜鱼雷发射管。1980 年，该型舰拆除了一些两舷的救生筏，两边各安装了两套法制 MM-38 "飞鱼"反舰导弹发射装置，导弹射程约 42 千米，比英国的 42 型驱逐舰增加了一种重要的反舰手段。

▲ 翻沉在港中的"圣特立尼达"号（后辟为博物馆舰）

知识链接 >>

1982 年 4 月 2 日，大力神级 2 号舰"圣特立尼达"号向马岛上的英国总督和海军陆战队发出了敦促投降的电文。战争爆发后，2 艘大力神级驱逐舰护卫"五月花"号航母向马岛方向部署。5 月 1 日，S-2T 反潜巡逻机向航母报告被不明战机追逐。此时在英国航母上起飞的"海鹞"垂直起降战斗机收到告警后立即掉头脱离。

GWANGGAETO THE GREAT-CLASS
广开土大王级驱逐舰（韩国）

■ 简要介绍

广开土大王级驱逐舰，或以项目代号称为KDX-1驱逐舰，是韩国海军隶下的多用途导弹驱逐舰，是韩国海军构建21世纪初期新一代韩国海军主力阵容而进行的"韩国自制驱逐舰实验"（KDX）计划中的第一阶段。创下了韩国造舰史上的多项第一：自行设计的第一种3000吨级以上的主战舰艇、第一种能搭载舰载直升机的舰艇，此外也是首种装备垂直发射系统的自制舰艇，堪称韩国海军迈向大洋海军的第一步。

■ 研制历程

1985年9月，韩国为KDX驱逐舰规划配套武器系统，同年12月决定由韩国本国整合研发。

原预计建造12艘更换老旧驱逐舰，但建造后发现此级舰设计不良，最后只建造3艘。

首舰"广开土大王"号1994年在大宇重工的船坞开工，1998年7月31日服役。2号舰"乙支文德"号于1999年8月30日服役。3号舰"杨万春"号于2000年6月29日服役。

基本参数

舰长	135.5米
舰宽	14.2米
吃水	4.2米
排水量	3200吨（标准） 3900吨（满载）
航速	30节
续航力	4500海里/18节
舰员编制	286人
动力系统	CODOG 2台LM-2500燃气涡轮 2台MTU 20V 956 TB-92柴油机

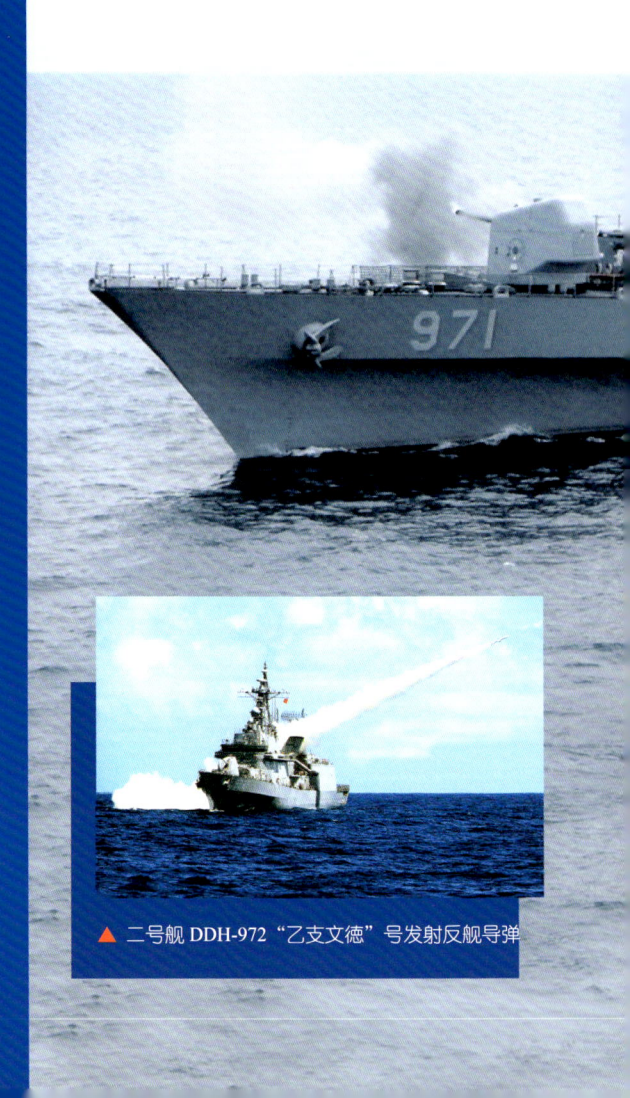

▲ 二号舰DDH-972"乙支文德"号发射反舰导弹

■ 作战性能

防空方面，广开土大王级驱逐舰的 B 炮位装有一组 MK-48 Mod2 垂直发射系统，共计 16 管，装填 RIM-7P "海麻雀"点防御防空导弹。反舰方面，舰体中段配备两组美制 MK-141 四联装"鱼叉"反舰导弹发射器，舰艏装有一门奥托·梅莱拉 127 毫米 54 倍径舰炮。反潜方面，广开土大王级本身拥有两组三联装美制 MK-32 鱼雷发射器，舰艉设有直升机库与直升机甲板，操作一架英国伟斯特兰生产的"大山猫"MK.99 反潜直升机。战斗系统方面，英国 BAE 将 SSCS MK.7 授权韩国三星生产再予以修改，成为其使用的 KDCom1 战斗系统。KDCom1 采用分散式架构，拥有 8 个多功能显控台与 100 多个分散式处理器，通过光纤区域网络连接各显控台与舰上各种侦搜、射控、武器系统。

▲ 舰艏主炮

知识链接 >>

广开土大王是高句丽第 19 代君主，391—412 年在位。好太王是高句丽历史上极有建树的君主，其在位时期是高句丽最重要的发展阶段，他北攻扶余，迫使扶余俯首称臣；西占辽东，完成高句丽十几代统治者的梦想；南征百济，将高句丽的势力抵达韩江流域。正是其在位期间，开创了高句丽的鼎盛局面。

忠武公李舜臣级驱逐舰（韩国）

CHUNGMUGONG YI SUN-SIN-CLASS

■ 简要介绍

忠武公李舜臣级驱逐舰，或以项目代号称为KDX-2驱逐舰，是韩国海军隶下的多用途导弹驱逐舰。相较于KDX-1，KDX-2除了尺寸更大之外，最大的不同在于KDX-2拥有区域防空导弹系统，以舰队防空为主要任务。此外，KDX-2的技术与装备也较KDX-1更为精进。本级舰服役以来一直作为韩国海军机动部队主力活跃于人们视线中。

■ 研制历程

忠武公李舜臣级驱逐舰是韩国海军构建21世纪初期新一代韩国海军主力阵容而进行的"韩国自制驱逐舰实验"（KDX）计划中的第二阶段。原计划建造3艘，后来增至6艘。KDX-2的基本设计由韩国现代重工集团负责，合约于1996年签订，而建造工作由现代重工与大宇重工分担。此外，KDX-2也获得国外厂商的技术支援。

6艘KDX-2的建造由大宇重工玉浦厂与现代重工蔚山厂两厂以交替轮流的方式各造3艘。首舰"忠武公李舜臣"号于2002年5月22日下水，2003年12月2日服役。6号舰"崔莹"号于2006年10月20日下水，2008年9月4日服役。

基本参数	
舰长	154.4米
舰宽	16.9米
吃水	4.3米
排水量	4800吨（标准） 5500吨（满载）
航速	30节
续航力	4000海里/18节
舰员编制	195人
动力系统	CODOG 2台LM-2500燃气涡轮 2台MTU 20V956-TB92柴油机

▲ 测试韩国国产SSM-700K反舰导弹

■ 作战性能

忠武公李舜臣级驱逐舰是美制 AN／SPS-49 和荷兰信号 MW-08 搜索雷达结合 56 单元垂直发射系统，可发射 RIM-66 防空导弹、"改进型海麻雀" ESSM 以及反潜导弹、巡航导弹。此外还装备了拉姆近防导弹、守门员近防机炮等武器，虽未装备多阵列相控阵雷达，但整体配置仍堪称豪华。舰艉配置一座直升机库，搭载英制超级大山猫 MK.99 反潜直升机。本级舰是韩国第一种引进隐身技术的舰艇，由 DAVIS 与德国 IABG 公司协作进行隐身设计规划。

▲ 守门员近程防御武器系统

知识链接 >>

李舜臣（1545—1598），字汝谐，生于朝鲜汉城（今韩国首尔），谥号"忠武公"。李氏朝鲜时期将领。官至三道水军统制使、全罗道左水使。在抵抗日军侵略时，立下大功。1597 年，他在朝鲜南部的珍岛与朝鲜本土的鸣梁海峡，依靠 14 艘舰船、100 艘改装民船击退日军 133 艘战船。

SEJONG THE GREAT-CLASS
世宗大王级驱逐舰（韩国）

■ 简要介绍

世宗大王级驱逐舰，或以项目代号称为KDX-3驱逐舰，是韩国海军隶下的多用途导弹驱逐舰。舰体为美国海军伯克级驱逐舰的改进型，配备宙斯盾Baseline 7 Phase 1战斗系统，满载排水量11000吨，服役时与日本爱宕级驱逐舰并称为东亚各国海军中最大的导弹驱逐舰，韩国海军也成为全世界第5个操作宙斯盾系统的海军。与美国海军伯克级相比，本级舰由于不需要大量建造、定位比较高端，不用严格控制成本，因此在设计上允许更大的舰体与更多的装备。

■ 研制历程

KDX-3起源于韩国海军实施的"韩国自制驱逐舰实验"计划，将其作为战略机动舰队的作战核心。2001年正式启动，建造工作由大宇重工、现代重工、韩进重工等韩国知名厂商角逐。

首舰"世宗大王"号于2008年12月22日服役。2号舰"栗谷李珥"号于2010年8月31日服役。3号舰"西崖柳成龙"号于2012年8月30日服役。

基本参数	
舰长	165.9米
舰宽	21.4米
吃水	6.25米
排水量	8500吨（标准） 11000吨（满载）
航速	大于30节
续航力	5500海里/20节
舰员编制	400人
动力系统	燃气联合动力方式(COGAG) 4台通用LM2500燃气轮机 3台劳斯莱斯AG9140RF燃气涡轮

▲ 世宗大王级驱逐舰（前）与美国航空母舰

■ **作战性能**

相较于先前的两型 KDX，KDX-3 除了吨位更大、载弹量更多之外，最大的不同是配备最先进的相控阵雷达与新型防空作战系统，空中目标搜获能力与多目标接战能力更强于前两者。KDX-3 的防空系统为美制宙斯盾 Baseline 7 Phase 1 版本，整合了 AN/SPY-1D 雷达。水下战斗系统为南森级巡防舰的 MSI-2005F 水下战斗系统，并整合韩国使用的声呐装备及反潜鱼雷，此战斗系统称 ASWCS-K。电子战装置采用韩国开发的 SLQ-200(V)K 与法国授权生产的 KDAGAIE MK2 干扰弹发射器。与美国的伯克级、日本的金刚级最大的不同是，本级舰具有强大的反舰与远程对地打击火力，舰上配备有可对地攻击的舰炮和对地/反舰巡航导弹。

▲ 世宗大王级驱逐舰指挥室

知识链接 >>

世宗大王即朝鲜世宗李祹，1418—1450 年在位，李氏朝鲜第四代君主，朝鲜王朝第二任国王。世宗大王 22 岁即位，他在位期间将朝鲜王朝推向鼎盛时期，朝鲜社会文化得到长足发展，在此期间创造了谚文，对朝鲜之后的语言和文化发展带来深远影响。后世的韩国史学家通常都尊称他为世宗大王。

DELHI-CLASS
德里级驱逐舰（印度）

■ 简要介绍

德里级驱逐舰，以计划名 Project-15 称为 15 型驱逐舰，是印度海军隶下的多用途导弹驱逐舰。满载排水量达 6700 吨的德里级驱逐舰是印度第一种自行开发建造的大型水面舰艇，其设计大幅改良自卡辛级驱逐舰，因此全舰设计充满了苏联味，上层结构复杂，并配备许多俄式侦测、火控与武器装备。本级舰的设计建造在 20 世纪 70 年代后期，许多装备也属于 70、80 年代苏联水平，到 90 年代完成服役时，部分设计与装备都已落伍。

■ 研制历程

印度数十年来一直扩充军备，包括建立雄霸印度洋的海军。印度政府在 1977 年批准建造 3 艘新一代的驱逐舰。

建造 3 艘舰计划在 1992—1996 年服役，但由于计划欠周详，又不断要求修改，导致首舰"德里"号虽然早在 1992 年 12 月 12 日便安放了龙骨，但一直拖到 1995 年 3 月 20 日才下水，1997 年 11 月服役，建造工作延迟超过 5 年。而后续的"麦索尔"号以及"孟买"号则分别在 1999 年与 2001 年才服役，整个计划至少延迟了 5 年。

基本参数	
舰长	173米
舰宽	17米
吃水	6.5米
排水量	5400吨（标准） 6700吨（满载）
航速	32节
续航力	5000海里 / 18节
舰员编制	215人
动力系统	CODOG 4座DT-59燃气涡轮 2台KVM-18柴油机

▲ 德里级驱逐舰上的海王直升机

■ 作战性能

德里级驱逐舰的武器装备全面而繁多，反舰武器包括舰艏 A 炮位一门俄制 AK-100DP 100 毫米单管自动舰炮，以及舰桥前方两侧的 4 组四联装俄制 SS-N-25 反舰导弹。防空方面，本级舰有 2 套与现代级相同的单臂旋转发射器，使用俄制 SA-N-7/12 半主动雷达导引防空导弹。反潜方面，德里级舰桥与前方单臂防空导弹发射器之间有 2 套俄制 RBU-6000 12 联装反潜火箭发射器，2 号桅杆与烟囱之间装有一组俄制 PTA-533 五联装 533 毫米鱼雷发射器，可发射俄制 SET-65E 主/被动归向鱼雷或 53-65 型被动尾流归向鱼雷。舰载 2 架海王反潜直升机。

知识链接 >>

SS-N-25 反舰导弹是北约对俄制反舰导弹 X-35Y 的称呼，这是苏联 20 世纪 80 年代初开始设计的一种中程亚声速多用途反舰导弹，90 年代正式服役。该武器系统可以装备各种水面舰、海军直升机等。其作战用途是打击水面舰、导弹艇、鱼雷艇和炮艇，因与美国"鱼叉"导弹近似，也被称为"鱼叉斯基"。

▲ 德里级驱逐舰俯视图

KOLKATA-CLASS
加尔各答级驱逐舰（印度）

■ 简要介绍

加尔各答级驱逐舰是印度海军隶下最新型防空导弹驱逐舰，是继德里级驱逐舰之后展开的印度国产驱逐舰建造计划"Project 15A"的产物。舰体布局沿用德里级的基本设计，运用隐身设计的思想，舰体采用折线过渡，舰艏武器区布置与德里级相同，舰炮、防空导弹和反潜火箭深弹三个武器区三段阶梯式排列在舰艏。

■ 研制历程

印度军方提出更高要求的新一代驱逐舰，称为"Project 15A"，鉴于印度国产能力相对薄弱，积极选择与国外合作。

按 Project 15A 计划要建造 4 艘，由马扎冈造船厂建造，建造中的大量修改大大拖慢了进度。首舰"加尔各答"号于 2003 年 9 月 27 日开工，2014 年 8 月 16 日服役。4 号舰"维沙卡帕特南"号于 2013 年 10 月 12 日开工，2021 年 11 月 21 日服役。

基本参数	
舰长	163米
舰宽	17.4米
吃水	6.5米
排水量	6800吨（标准） 7500吨（满载）
航速	32节
续航力	8000海里/15节
舰员编制	250人
动力系统	CODOG 4台DT-59燃气涡轮 2台KVM-18柴油机

■ 作战性能

加尔各答级驱逐舰满载排水量7500吨，采用当今世界流行的相控阵雷达搭配垂直发射区域防空导弹组成的高性能防空作战系统设计，装备世界上最先进的以色列制EL/M-2248四面主动（有源）相控阵雷达，使用6组八联装防空导弹垂直发射系统发射"巴拉克-8"防空导弹。同时装备2组八联装俄制3S14E垂直发射系统，装填16枚"布拉莫斯"反舰导弹。配备2架卡-28PL或HAL反潜直升机。

知识链接 >>

有源相控阵雷达是相控阵雷达的一种。有源相控阵雷达的每个辐射器都配装有一个发射/接收组件，每一个组件都能自己产生、接收电磁波，因此在频宽、信号处理和冗度设计上都比无源相控阵雷达具有更大的优势。正因为如此，有源相控阵雷达的造价昂贵，工程化难度较大。

▲ 加尔各答级驱逐舰发射"巴拉克-8"防空导弹

JAMARAN DESTROYER
"贾马兰"号驱逐舰（伊朗）

■ 简要介绍

"贾马兰"号驱逐舰是伊朗海军的一种轻型驱逐舰，是伊朗首艘国产驱逐舰，标志着伊朗军事工业技术上的突破。舰上装配有反舰导弹、舰对空导弹、鱼雷、火炮、先进的雷达系统以及电子战设备等。此外，舰上还设有一个直升机停机坪，但没有配备直升机机库。

■ 研制历程

"贾马兰"号驱逐舰的原型是20世纪60年代伊朗王国向英国威克斯公司订购的"维克斯·韦斯珀MK.5"型轻型护卫舰。伊朗革命后，失去购买更多外国战舰的渠道，从1992年开始，伊朗决心开始仿制这型战舰。2010年2月19日，"贾马兰"号下水，伊朗最高领袖哈梅内伊参加了在南部城市阿巴斯港举行的下水仪式。

伊朗第二艘驱逐舰"贾马兰2"号也于2013年3月17日在里海下水。根据相关报道，该舰的研发历时6年，由"贾马兰"号驱逐舰设计演变而来，配备了新型电子和武器系统。

基本参数	
舰长	94米
舰宽	11米
吃水	3.2米
排水量	1420吨
航速	30节
舰员编制	140人

▲ "贾马兰"号驱逐舰发射反舰导弹

■ **作战性能**

　　"贾马兰"号驱逐舰的主要武器装备是 76 毫米意大利奥托·梅莱拉自动舰炮和双联发胜利反舰巡航导弹，还有直升机平台、便携式防空导弹系统发射区以及反潜炸弹掷弹器。它与俄罗斯同类战舰 20380 型轻护卫舰相比，在指挥、搜索、目标指示和通信系统等方面存在差距，但在装备性能先进的胜利-1 型导弹之后，能够同时摧毁敌方多个大中型水面目标，攻击实力大幅提升。伊方声称，"贾马兰"号驱逐舰作为一种多用途高速战舰，能够在无线电电子战条件下同时对抗敌方潜艇、飞行器和舰船。

▲ "贾马兰"号驱逐舰侧视图

知识链接 >>

　　胜利-1 型导弹是伊朗生产的一种新型短程反舰巡航导弹，能够摧毁多个 3000 吨的海上目标。既可以从陆地发射，也可以从军舰上发射。在不久的将来，经过改进发展，也可以从直升机或潜艇上发射。它利用雷达制导，能以高精度击中并摧毁小型、中型目标。

图书在版编目（CIP）数据

护卫舰与驱逐舰/陈泽安编著 . — 沈阳：辽宁美术出版社, 2022.3
（军迷·武器爱好者丛书）
ISBN 978-7-5314-9135-4

Ⅰ. ①护… Ⅱ. ①陈… Ⅲ. ①护卫舰—世界—通俗读物②驱逐舰—世界—通俗读物 Ⅳ. ① E925.674-49 ② E925.64-64

中国版本图书馆 CIP 数据核字 (2021) 第 260054 号

出 版 者：	辽宁美术出版社
地　　址：	沈阳市和平区民族北街29号　邮编：110001
发 行 者：	辽宁美术出版社
印 刷 者：	汇昌印刷（天津）有限公司
开　　本：	889mm×1194mm　1/16
印　　张：	14
字　　数：	220千字
出版时间：	2022年3月第1版
印刷时间：	2022年3月第1次印刷
责任编辑：	张　畅
版式设计：	吕　辉
责任校对：	李　昂
书　　号：	ISBN 978-7-5314-9135-4
定　　价：	99.00元

邮购部电话：024-83833008
E-mail：53490914@qq.com
http：//www.lnmscbs.cn
图书如有印装质量问题请与出版部联系调换
出版部电话：024-23835227